李凌如·著

这样育儿更智慧
——新手妈妈加拿大育儿手记

山东美术出版社

图书在版编目（ＣＩＰ）数据

这样育儿更智慧：新手妈妈加拿大育儿手记 / 李凌如著 .
— 济南：山东美术出版社，2014.6
ISBN 978−7−5330−4943−0

Ⅰ．①这… Ⅱ．①李… Ⅲ．①婴幼儿−哺育−基本知识
Ⅳ．① TS976.31

中国版本图书馆 CIP 数据核字 (2014) 第 019347 号

责任编辑：翟宁宁
封面设计：王海涛
版式设计：吴 晋 耿 伟

主管单位：山东出版传媒股份有限公司
出版发行：山东美术出版社
　　　　　济南市胜利大街 39 号（邮编：250001）
　　　　　http://www.sdmspub.com
　　　　　E−mail:sdmscbs@163.com
　　　　　电话：（0531）82098268 传真：（0531）82066185
　　　　　山东美术出版社发行部
　　　　　济南市胜利大街 39 号（邮编：250001）
　　　　　电话：（0531）86193019 86193028
制　　版：山东新华印务有限责任公司
印　　刷：济南鲁艺彩印有限公司
开　　本：880mm ×1230mm 32 开 8.25 印张
版　　次：2014 年 6 月第 1 版 2014 年 6 月第 1 次印刷
定　　价：29.80 元

序 preface

没事就写写，成了我这么多年在加拿大养成的习惯。在异国他乡的各种亲身经历和所见所闻都能成为我的写作素材。写小说，写散文，写评论，写游记……因为我相信文字能化为永恒，时刻变幻的时间与空间终究会凝固于笔尖。

我跟小乖爹说，等我老了，边看着我记录下来的这些往事，边想想这一生曾见证过几许花开花落，遭遇过多少人事茫茫，一定是件非常有意义的事。

小乖的到来为我的生活打开了一片新的天空。她的一切，理所当然地迅速成为了我笔下最重要的素材。自从在天涯网站上发表了《早产儿小乖加拿大落地记》后，我就琢磨着能以随笔的形式记录下小乖成长的轨迹。这其中当然也有我和小乖爹伴随在她身边，所听所看所做的育儿点滴。不管是加拿大的，还是中国传统的，我们俩在文化的碰撞中吸取，在方式、方法的比较中学习。

我坦率地认识到本人只是一个高龄产女的新手妈妈，因此我非常乐意与更多幸福的妈妈和准妈妈们分享我因小乖而学到的加拿大育儿知识。从怀孕、生产到幼儿早期教育，再到面对孩子的未来，与中国概念的想法最根本也是最大的不同在于，老外更崇尚"自然"—— 尽量避免外力的作用，将人为的干预降到最低。

而小乖的诞生同时也给了我一个新的机会，来观察这个我以为我已经开始熟悉，其实仍有太多需要了解的世界。在这个过程中，我看到的只是种种育儿观之间的不同吗？我想我看到了更多，包括我自己过去三十多年中，很多没有明白的道理，关于婚姻，关于家庭，关于我无可取代的小乖。

凡事要多顺其自然的观念蔓延到了国外生活的方方面面，我这才发现自己生活里"刻意"的东西太多。我总试图强势地去改变那些自己不喜欢的东西，却往往忘记了它存在一定有着它自己的价值。在有了小乖之后的日子里，她教我明白：能够隐忍，记得包容，学着接受，生活才会轻松起来。遗憾的是，我目前做到的实在是太有限了，浮躁的我还需要更多沉淀。

完成这本书稿的时候，小乖才三岁多。对于她，前面还有好多路要走。不论她将来会回到中国，还是愿意继续她在加拿大的生活，我希望陪着她能走多远走多远。我会时刻记得尊重她的意见。每个人都无法选择自己的出生，但是一定有权利选择属于她自己的生活，毕竟生命只有一次。对于我——一个深爱着女儿的普通母亲来说，只要她快乐就好。

感谢山东美术出版社邀我写这本书，让我有这么好的平台来讲述我这样一个在加拿大生活的普通中国妈妈融合两个国家育儿观念照顾宝宝的趣事，更让我继我的第一本小说出版后，由"职场小说作者"华丽丽地转身成了"写育儿经的小乖妈"。

感谢我敬爱的父亲和母亲——李凡先生与仲玉光女士。养儿方知父母恩。感谢你们让我小时候就开始背唐诗，感谢你们尊重我长大后自己的选择，感谢你们所有为我不求回报的付出，能说的却仍只是"感谢"这两个字。同时感谢亲爱的仲伟阳小姐和杨晨声先生愿意让我在书里使用他们的照片。

最后，我要感谢我的小乖和小乖爹，当然还有后来出生的亲爱的小儿子。有了你们，我的人生才足够精彩。谢谢你们让我拥有这一切。

2013 年 12 月于加拿大

contents

第一章

轻松孕期，快乐享受

第一节

吃对东西就好——破除"孕妇需要大补"的迷思

小乖比预产期提前三个礼拜多就出生了。由于她个头不大，从入盆到真正出生，除了正常的宫缩之外，我没有经历想生生不出来的情况。毫不夸张地说，小乖出生的时候，我几乎没什么感觉。护士刚刚数完第二次换气，我都没完全调整好呼吸，医生就已经把小乖抱上来了。

在国内的时候，老听别人说一些产妇受"两道罪"。孩子个头太大，想顺产的产妇折腾了老半天，终究躲不过那一刀，不如一开始，就来一刀解决问题算了。这也应该算是剖腹产率增加的一个重要原因吧。当宝宝个头比较小的时候，产妇的确也能少受些苦。

老外眼里的健康新生儿

国内的亲友问我，小乖生下来有多重啊？我回答说 2800

这样育儿更智慧 —— 新手妈妈加拿大育儿手记

克（约合5斤6两）。大家就用很同情的口气说："哎呀，小乖真是个可怜的早产儿，那个谁谁谁家的宝宝生下来有4000克（约合8斤）多呢。她妈妈本来还想顺产的，没办法，不剖腹生不下来啊。"

"细脚伶仃"的早产儿小乖

　　我听了这话，却不由得有些同情那个孩子的妈妈。在很多老中的传统思想里，刚出生的宝宝就应该是"又白又胖"，大家才会欢天喜地。如果个头小了点，就担心孩子营养不良，先天不足，怀疑因为妈妈怀孕的时候吃得不够好，导致宝宝摄取的营养不够。

　　如果同样的问题出现在我和老外的对话里，他们的口气会完全不一样："嗯，小乖确实有点偏小，不过别担心，她很快就会给你惊喜的。那个某某某家的宝宝足月，生下来也和小乖差不多重呢。这很正常。你生的时候很顺利吧？那真是太棒了，恭喜你！"

　　中西观念的不同在这里体现得淋漓尽致。宝宝足月出生，健康指数达标，当然皆大欢喜。不过，这就必然意味着孕妇必须吃得"没有最多，只有更多"吗？非要拼命吃"大补的食物才能充分摄取宝宝所需的营养吗？是盲目追求生一个"又白又胖"的宝宝，还是抱着顺其自然的态度等待"母子平安"呢？

看着小乖从一个皱皱巴巴的早产儿变成现在人见人爱的样子，作为骄傲的妈妈，我想我可以给那些在孕期食物上有点小困惑的妈妈们一点小小的意见。

孕期体重增长的计算

事先要声明的两点是：第一，以下的讨论范围，限于那些希望快乐顺产的妈妈以及想轻轻松松地恢复身材的妈妈。（早就决定好剖腹产的妈妈以及一怀孕就决定牺牲自我，认为只要有了宝宝就可以不在乎一切的"过于有奉献精神"的妈妈不在讨论之列。）第二，所有讨论的内容是以母婴双方都健康为大前提的。

一个准妈妈在怀孕的过程中，体重的增加到底有没有限度？答案是肯定的，有而且是必须的。孕期体重增加的幅度和孕前体重指数是有关系的。用体重除以身高的平方就可以计算出一个人的体重指数。

体重指数在 20 ～ 27 之间的孕妇，孕期可增加 11.5 ～ 16 千克。我孕前体重指数是 23 左右，整个孕期增重没超过 14 千克，算是达到要求了。体重指数低于 20，说明孕妇体重原本偏轻，孕期可增加的体重为 12.5 ～ 18 千克。体重指数达到

27 以上，孕妇孕前已经偏重，孕期增重尽量不超过 11.5 千克。

　　我那时孕期每个阶段的体重增加都是有计划的，这很重要。基本上是，头三个月 2 千克左右，第二孕期 5 ～ 6 千克，快生的那几个月控制在 5 千克之内。孕中期是体重增加的高峰期，你会发现自己变得非常好吃，因为胎儿在这段时间里，成长速度猛增，所以妈妈适当多吃点是对的。应该随时记住的是，不要吃得过饱。

　　只要吃的东西营养健康，即使体重增加得不多，照样能生出健康的宝宝。不然，就算体重增加得再多，也有可能只是长到孕妈自己身上去了。

孕妇要"补"不要"胖"

　　那么，孕妇必须摄取的营养有哪些？碳水化合物、脂肪、叶酸、钙、铁、锌、维生素等等，都是必不可少的营养。这都是书本上说的很抽象的东西，对我们这些孕妇，需要知道的是，具体的食物中该吃什么，不该吃什么。

　　我的产科医生芒都先生说得非常简单明了，除了中西医都明确禁食的某些食物，比如生冷食物、含咖啡因饮料等，以及本来就不应多吃的垃圾食品，怀孕后该吃什么还是吃什么；也不要给自己心理暗示，觉得多了肚子里的宝宝，就要吃双份的东西营养才够。饱了就行。

　　孕期让我更深刻地体会到了中西文化的碰撞。从怀孕吃的东西，到中外孕妇装的差异，到对孩子的基本态度，老外们的处理方式总有一种让老中们颇感不屑的"随意"。然而深入了解后，这泊来的"精华"比我们曾经以为的"糟粕"要多。

正是这份"随意"，在加拿大街头，很少看见身材走形很厉害的孕妇。很多老外脚踩平底鞋，身着有腰身的孕妇装，容光焕发，健步如飞，从背后看甚至根本看不出来身怀六甲。我除了羡慕还是羡慕。正是在这样的环境里，我学会了：不吃多的，只吃对的。

孕期一开始，芒都医生就根据我的情况，开了钙片、孕妇维生素还有叶酸，让我按剂量服用。但他同时向我强调，孕妇服用药物适量很重要，并不是越多越好。

前三个月因为没有任何早孕反应，我每天照常吃饭，米饭、面包、牛奶、水果、蔬菜、各种肉类，一样都不能少，不过每样都是吃饱了就停。怕外出的时候饿，我的包里总是放着一小盒酸奶和一种水果，外加一小袋饼干。

规律的饮食，加上我每天多少都做点运动，孕早期我只重了一千克多一点。由于体重适中，孕期里我一直手脚灵便。我感觉这和我能保持良好的心情是有很大关系的。

到了孕中期和孕后期，我的胃口变得越来越好，看到什么东西都想来一口。在经历了一段时间毫无节制的"大吃大喝"后，我的体重在一个月内猛然上去了4千克，那时我才孕期第五个月刚开始。我发现还是要"少吃多餐"才能控制

这样育儿更智慧——新手妈妈加拿大育儿手记

这样育儿更智慧——新手妈妈加拿大育儿手记

这样育儿更智慧——新手妈妈加拿大育儿手记

这样育儿更智慧——新手妈妈加拿大育儿手记

这样育儿更智慧——新手妈妈加拿大育儿手记

体重，于是尽量挑低热量、高营养的东西，比如深绿色蔬菜，像西蓝花、菠菜之类，并且每天吃个橙子，因为补充维生素C也很重要。

小乖的提前诞生并没有影响到她的健康。芒都医生说她的体重是在标准范围内的。老外对"母子平安"的概念是妈妈们能痛苦尽可能少地顺产，生下健康的宝宝，因为新生儿的体重说明不了全部问题。实际上，老外对宝宝每个阶段的重量要求也都比老中想象的要低。

而在孕妇方面，不要老觉得自己是个"孕妇"，就什么都不管不顾了。常说"孕期才是一个女人最美的时候"，也许这多少是有点安慰的成分在里面，不过至少说明孕期与平日并没有什么本质区别，只是需要注意的事情多了那么"一点点"。孕期中坚持锻炼，体重适中，吃得健康，心情愉快和生一个健康的宝宝不仅不矛盾，而且是相辅相成的。

"大补"的汤汤水水往往都来自于老人的一片心意，这时老公们就成了最大的受益者。小乖爹那段时间比我长的肉还多，有一半小乖姥爷给我做的排骨汤上他肚子里去了。

现在，我生完小乖瘦下来了，小乖爹却还鼓着个肚子在我面前晃悠。遭到我的"嫌弃"时，他就会很努力地把肚子吸回去，装作很轻松地尽快从我面前逃走。看着小乖爹辛苦地"藏"肚子，想想，毕竟人家当年也是为了分担我的烦恼，才多长了这些肉。况且这么多年来，小乖爹的体重终于大幅度地超过了我：让我有了一种"扬眉吐气"的感觉。

所谓"三十年河东，三十年河西"，终于也有人鼓着肚子苦恼地问我：怎么能有效地把肚子消下去呢？这对曾经与肥胖做了十年斗争的我来说，是一件多么值得夸耀的事啊！

小乖妈碎碎念

在孕妇和胎儿的体重问题上，老外的观点和中国的传统思想有天壤之别。孕妇不加节制的增重造成宝宝个头过大，在他们看来并不是好事。

在孕妇的身材变化不可避免的情况下，孕期的增重应该是有计划的。增重的多少还要参照怀孕之前的体重指数来控制。用体重除以身高的平方这个公式可以计算出体重指数。孕前体重指数不一样的孕妇则有不同的增重标准。

多吃没有营养或者营养过剩的食物只会造成宝宝个头过大以及孕妇变得太胖，什么都是过犹不及。之后给孕妇带来的生产困难和产后恢复的烦恼说明，孕期要挑对的吃，才是健康度过孕期的"王道"。

第二节
中外孕妇装扮大不同

首先，我承认我是个自我感觉良好的人。然后，大家就可以理解一个人为什么鼓着大肚子还想尽办法穿好看的衣服。再然后，我想说，孕期中穿上老外们的孕妇装满足了我的这个愿望。这些大部分看起来只是"比平时穿大了几号"的孕妇装和传统中一"筒"天下的中式孕妇装是完全不同的。

中外孕妇装的不同设计

从第五个月开始，我不得不面对一个事实：无论再怎么努力，我都确实无法再将"发福"的自己塞进以前的裤子里去了。我决定去买孕妇装。之前，闺蜜送了两件典型的中式孕妇装——背带裤，被我偷偷塞进衣橱。没怀孕的时候，我都不爱穿背带裤，这会儿大着肚子穿上这种裤子，要是去上厕所，岂不是要"瞻前顾后"，在我看来属于自找麻烦。

正值初夏，我拖着小乖爹去逛街，转进一家服装店，本以为是孕妇装专卖店，后来才知道人家只是个普通的女装店，碰巧卖宽松型的裙子而已。

我这身材，在老中里只能算比较匀称，一般情况下，穿中号正好。和老外比起来，我却有点偏瘦，在加拿大穿小号衣服，早就不是一件让人惊喜的事了。看看店里大号的衣服，我发现我完全可以把这里的正装当孕妇装穿。

大部分国产孕妇装在我脑子里留下了一个刻板的印象：像睡衣一样没有腰身，设计千篇一律，颜色走素雅路线，总给人一种懒洋洋的感觉。再加上有的孕妇确实是怀孕以后心无旁骛，觉得什么都不重要了，生活的重心完全转移到天天吃吃睡睡这么几件很简单的事上，难免会让别人，甚至老公感觉她邋邋遢遢的，因而顺势把自己变得"乏味"起来。

自信的孕妇最美

怀孕后，宝宝是第一位的。万事以宝宝的事最大，自是无可厚非，但这并不是孕妇状态懒散以至完全松懈下来的理由。一个真正身心健康的孕妇要随时提醒自己，任何时候你首先应该是个自信的女人。怀孕是你变得更美的机会，此时的你，有更加迷人的风采，而不仅仅是平日里大家开玩笑说的"大肚婆"。

如果你是个小女人，一定会知道古语说的"女为悦己者容"；如果你和我一样，自认是个女权主义者，那你就会明白"女

自信地做个光彩照人的孕妇。

为悦己容"。这和孕后你选择不再化妆，放弃了穿高跟鞋统统没有关系，这只和你的心理有关系。

而这一切在老外的眼里是很自然的事。这可能和他们天性里那种强烈的，有时在我们看来甚至过于"自我"的意识有很大关系。

排除文化差异之后，我们仍可以借鉴的是，即使必须为其他更重要的事物改变，也不要彻彻底底地放弃了自我。

比如怀孕后的一段时间内，你无法再烫头发了，可能就把头发随意揪在一起草草了事。那为什么不能去理发店，把头发剪成让自己满意的短发？或者多花三十秒，把头发梳成简约清爽的"团子头"呢？完全不注意自己的形象，说大了，这事儿在我看来，是对自己的不负责任。从而衍生出的种种"意外"，也不是完全没有依据的空穴来风吧。

实际上，每天能多花三分钟，把头发弄得清清爽爽，穿上一件符合现在的身材而自己也喜欢的孕妇装，就能保持良好的精神状态，让孕期的自己充满自信，同时也能让老公牢牢地记住：老婆在任何时候都是光彩照人的，独特的魅力是任何人都无法取代的。

小乖爹在我怀孕后，仍然延续平时的习惯，"带"着我去逛逛街，吃吃饭，看看电影，大到开车做一次长途旅行，孕期的生活如往常一样平淡，却让我相信，只要心理没有任何自我改变，在他眼里，我还是那个"自恋狂"。

孕妇装也许就在你的衣橱里

怀孕也成为我买新衣服最适当的借口。发现可以挑一些宽松的正装当孕妇装穿，我更加开心了。我挑了一条连身蛋糕裙，一层层的荷叶边适当地修饰了胸部和肚子上的变化；又挑了一条颜色鲜艳的挖肩A字连衣裙。这都不是真正的孕妇装，却可以起到同样的作用。更重要的是，等生了小乖还可以当普通裙子穿，不会浪费——当然，这个理由主要是用来麻痹小乖爹的。

而老外真正的孕妇上装，不仅五颜六色，且都基于高腰设计。还有很多衣服真的就是大了几号的紧身衣，让孕味里透着点小性感，一下子让我脑子里孕妇脚步蹒跚、苍白乏味的背影鲜活了起来。结果我一件孕妇上装都没买，因为想起家里有好多这样的衣服——娃娃装，高腰裙，甚至就是弹性好、透气的贴身衣服。看来买孕妇装之前，把衣橱大扫除一下，可能会有好多意外的惊喜呢。

买单的时候，收银的金发美眉知道了我怀孕五个月之后，一个劲地恭维我身材保持得好。我一激动，差点准备买第三条裙子。幸亏小乖爹很淡定，提醒了一句："你不是还要买裤子吗？"我这才恋恋不舍地从店里出来。虽然回家了，这位有眼力见儿的美眉却被我夸了一路。

老外孕妇裤的种类多

第二次逛街我才找到一家孕妇装专卖店。一进去，乍一看，和那天的大码女装店差不多。仔细看看塑料模特儿，才确定这是卖孕妇装的——每个模特儿的肚子都是圆的。外衣外裤，内衣内裤，睡衣睡裤，甚至吊带衫、热裤、比基尼泳装一应俱全。我忽然感到性感时髦的衣服其实并没有离我而去，一时间颇有些"刘姥姥进了大观园"的感觉。待小乖爹发现，为时已晚，我早抱了一大堆孕妇裤直奔试衣间而去。

这种孕妇裤除了腰换上了宽窄不一的皮筋外，和普通的裤子比起来，完全一样，都有形有款，被上衣遮住后，一点都看不出来端倪。

根据皮筋的宽窄，孕妇裤分为三种：窄皮筋的裤腰在髋部，适合腰身已经开始慢慢变粗，但肚子还没有很大的孕早期孕妇，皮筋可以避免肚子被勒到；较宽的皮筋到肚脐，孕中期时穿着，可以保护逐渐鼓起来的肚子；最宽的到上腹部，孕晚期时可以把日渐增大的腹部牢牢兜住，缓冲下坠的感觉。最宽皮筋的裤子也叫"三合一"。天太热的时候，还可以把皮筋随意翻下来，让大肚皮凉快一下。这样的设计比传统的，宗旨只在于把孕妇轻松地装进一个大袍子里去的蓬松裙，或是只为了不要勒到肚子的背带裤，对我这种爱臭美的孕妇要更具诱惑力。

传统中，蓬松裙是孕妇的首选，似乎旨在让大家忽略此时的身材。然而，往往在宽松的裙子下，孕妇们渐渐会有一种"既然已经胖了，又何必追究胖了多少"的想法。加上周围其他人也都是"袍来袍去"，无所谓了。

为什么要掩饰这种充满了幸福的美呢？每个孕妇都确实发胖了，但"怀孕"和"身材走样"完全是两回事。不要老暗示自己，镜子里那个"胖子"居然是你。该胖的地方胖，不该胖的地方不胖，不要忘了：怀孕时，你也是有身材的。

而肥大的背带裤对于一个行动不便却又尿频的孕妇来说，更加不是个好的选择。我想所有的孕妇应该都体会过"尿急如山倒"的感觉吧。对我这样比较性急又粗心的孕妇，脱背带裤那会儿工夫会出现什么"悲剧"，我想都不敢想。而且随着肚子日渐增长，肩上的背带常会勒得肩膀酸痛。对于我这样舒适至上的人来说，背带裤显然不合我的口味。

老外不怕电脑辐射

那天挑好了裤子，我问店员：有没有防辐射的衣服？美女店员用绿眼珠疑惑地看着我，重复了一遍"防辐射"，表示不明白。小乖爹就很仔细地解释了防辐射服是干什么用的。

她还是不明白，去叫主管。主管也很困惑地思索了半天，只能摊摊手、耸耸肩，表示没有我们形容的这种东西。

"他们都不穿这个吗？"我问小乖爹。一向比我爱大惊小怪的小乖爹这次却不以为然，端着专家的架势，说："其实屏幕的辐射没有想象中那么大，就算像我这样天天坐在电脑前面的专业人员怀孕都不需要穿特别的衣服。"

后来，我本着"怀疑一切"的精神咨询了芒都医生，事实证明小乖爹终于"偶然"地说对了一次。医生干脆说，没有证据表明电脑辐射严重到会影响胎儿的发育。我这才放弃了买防辐射服的打算。不过我个人还是建议综合考虑工作、生活的环境来决定要不要买防辐射服。

衣服装了几个大袋子，小乖爹提着这些袋子跟在我后面感慨："女人真是会照顾自己啊，连孕期都要想方设法地穿漂亮衣服。"我扫了他一眼："要么你出力，我出钱，如何？"他立马装没听见，开车去了。

小乖爹懂啥？怀孕不是随便找件衣服一套就可以出门的理由。特别是去医院体检，每次都会看到很多体态匀称的孕妇，她们从不会让旁人联想到臃肿、迟缓、笨拙这样的词，让我这样自以为还不错的人，都自叹弗如。

在我心里，一直还有个"最美准妈妈"的形象。那是多年前，一个阳光灿烂的夏日，我在温哥华街头看到一个老外的家庭。可爱的女儿坐在爸爸的肩上，怀孕的妈妈穿着紧身吊带衫，直接把衣服掀上去，让圆滚滚的肚子暴露在阳光下。

记忆中的那个"最美准妈妈"

我仿佛都能看到她肚子里的小宝宝一边晒着太阳，一边幸福地微笑。

那幅画面给我留下了很深刻的印象，直到现在，我还是遗憾于我的词汇竟是如此的贫乏，无法准确描述这么美好的场景。

我不曾奢求过，我怀孕的背影一定能让陌生人感到美好而久久不能忘怀。我小小的心愿仅限于我大肚子的样子让小乖爹感觉不难看，看到我还没觉得心烦，这就够了。

小乖妈碎碎念

女人的一生都是在为了变得更美而奋斗，怀孕也不是松懈的理由。不一定要时刻妖娆，但要记得把自己收拾得干净利落。在你自己心里，在其他人面前保持自信很重要。

正式开始买孕妇装的时候，别光挑漂亮的，此时更应该看重实用价值。其实整个孕期，我没有买一件孕妇专用的上装。好好收拾一下衣柜，那些原先嫌稍大一号、有弹力的衣服就可以当孕妇装穿。

放弃了蓬松裙和背带裤，我选择了Ａ字连衣裙、蛋糕裙。此外剪裁合体，却又在宽宽窄窄的皮筋上有学问的孕妇裤会让你感到更加舒适。至于传说中的"防辐射"，我也学老外，忽略不计了。

第三节
做一个爱运动的孕妇

所谓"有志者，事竟成"。从知道怀孕的第一天起，我就致力于日后做一个"辣妈"。生完小乖，朋友对我的恢复状况表现出的惊讶和赞许，让33岁怀孕的我相信：生宝宝的年龄并不是产后完美恢复的障碍。

怀孕期间，我也曾认真拜读过八卦杂志上著名女星们纷纷推出的"独家产后瘦身秘方"，看着罗列出来的精美菜肴、私人教练炮制出的针对性练习，在"羡慕嫉妒恨"之余，不得不承认自己实在没有精力追随女星们"快速甩肉"的步伐。

与其寄希望于复杂的菜谱和专业的训练，对于我这样的普通人来说，不如清醒地认识到产后体形能基本恢复原样，很重要的两个因素在于保持运动以及吃得健康，不能放任自己在孕期里"恶性膨胀"。花时间凭空想象自己也像女星们一样一两个月就能瘦下来，不如做一个细致的计划——产前的运动与饮食，为产后恢复打好基础。

这样育儿更智慧——新手妈妈加拿大育儿手记

孕妇 "F.I.T.T" 的运动原则

我从小到大，一直是一名体育爱好者，瑜伽、游泳、长跑、登山都是我喜爱的运动项目。怀孕后，我从孕妇班老师那里拿到了一张关于"适合孕妇运动"的表格。其中，适度的散步、孕妇瑜伽和游泳属于安全项目，长跑和骑自行车属于需要得到医生指导后方可进行的项目，而登山和负重练习则属于禁止项目。

我特地和芒都医生核实了一次。他说孕妇进行运动时都应该遵循一个英文缩写为"F.I.T.T"的原则。"F"代表次数应该比较频繁（frenquently），一周 3～5 次。"I"代表要掌握好度（intensity），在身体负荷允许范围之内，达到最佳效果。第一个"T"代表每次运动的时间（time）要控制好，注意在不要把自己弄得体力不支，发生意外的前提下，心跳如果能达到一定的标准，效果同时也会达到最佳。第二个"T"（type）代表应该做最符合自己身体素质的运动。需要注意的是，运动前的暖身动作和运动后的放松动作是必不可少的。

不过，这些只是理论。不怎么爱运动的孕妇等到孕中期的时候，一切稳定了，再做运动才比较安全。怀孕之前就坚持锻炼的孕妇可以继续运动，芒都医生说天天游泳都没关系。不管你属于哪种孕妇，都要相信，只要运动就会有效果。事实上，一个经常锻炼的孕妇也有更好的体力应付生产的最后阶段。

我一听大乐，立马通知小乖爹我要去游泳。他挠挠头，没表示反对，第二天就陪我去了游泳馆。就这样，我整个孕期游泳都没有间断过。像我这样白天一个人待在家的孕妇，去游泳也算是每天完成了一件事，不会感到那么无聊，心情自然也好很多。

之后每天小乖爹上班去了，我就一觉睡到中午12点，吃饱了，下午1点左右，戴上我的大草帽，放一大瓶水和一些零食在我的大包里，花15分钟慢慢走到游泳馆去。游完了，再慢慢走回来。后来肚子越来越大了，游的速度越来越慢，游的距离也越来越短，但我还是坚持游5分钟，再在水里走5分钟。

从第五个月起，我食量大增，见到任何食物基本都会眼睛发亮，来个饿虎扑食。我却并没有因此而变得太胖，坚持游泳是功不可没的。

老外孕妇爱瑜伽

到孕中、晚期，身体负担越来越重，准妈妈们一定都会觉得越来越不想动了。但如果有兴趣的话，可以试试瑜伽这项温和而缓慢的运动。近些年，"瑜伽风"越刮越盛。这项古老而神秘的运动确实能提神醒脑，充沛精力，增加身体的柔韧性，降低日常生活中身体每个部位受伤的可能性。这些对孕妇来说，都是非常有帮助的。因此，比普通瑜伽更加温和的"孕妇瑜伽"在国外也备受推崇。

中国的老话说，屁股大的女人好生养，这是有道理的。瑜伽的大部分动作都可以帮助舒展筋骨，使孕妇的各个关节都能慢慢打开，尤其是盆骨。瑜伽在帮助孕妇减轻孕期体力和精神上的压力的同时，使生产变得更容易。很多简单的动作就能达到明显的效果。

之前没有接触过瑜伽的准妈妈们，不必刻意要求自己的动作达到书上或者光盘里老师们示范的某个标准，因为这样很可能引起身体的扭伤和拉伤，甚至造成更严重的后果。孕妇瑜伽的意义在于：做多做少比不做好。按著名瑜伽老师张蕙兰女士的话说，就是"量力而为，适可而止"。

对于那些确实很担心每个过大的动作有可能伤害到胎儿的准妈妈们，孕妇班的老师也常常教一些简单易学的动作，如向上拉伸脖子，挺胸抬头，加强腿部力量，平时多注意站、坐、卧的姿势，使由于怀孕而变沉重的身体不会因为姿势不正确，而导致骨骼受损。瑜伽中，为人们所熟知的"冥想静坐"的部分更可以作为非常好的休息方法，这对产前、产后抑郁症有防治作用。

我是个瑜伽爱好者，在家坚持做到孕晚期，怕动作太大有闪失，才停了。我仍会在每天游完泳回到家后，静坐 10 分钟左右，调整呼吸；想象自己在和肚子里的小乖说悄悄话，同时也静静去体会小乖每一个轻微的动作，想象有了小乖以后的美好生活将会是一个什么样子。短短的 10 分钟能让我缓解身心疲惫，心情舒畅。

回国和朋友聊起这些来，她们都说我的胆子有点太大了，三十多岁的人了还"没轻没重"，从来没有安安稳稳在家保胎的意识。我倒没这么觉得，只要运动量不超过身体负荷，没出现任何不明出血，不会腰酸腿疼，就可以坚持锻炼。甚至预产期前的最后一个半月，我还和小乖爹陪着姥爷姥姥开车到尼亚加拉瀑布玩了一趟。

我的孕期"大瀑布"之旅

尽管以前去过一次，大瀑布的魅力却始终不减。蓝天碧水之间，壮观的尼亚加拉瀑布奔腾而下，那种大自然的震撼力我相信小乖也一定感受到了。我"带着"她沿着石板路，顺流而下，看着清澈而湍急的水流越过石滩；坐上高空缆车，俯视碧波浩淼的伊利湖水；穿着雨衣在云雾中穿行，零距离接近大瀑布。

大瀑布之行更让我看到了许多美满幸福的家庭。说来有趣，大部分带着孩子的家庭都有三个或者三个以上宝宝。爸爸妈妈们经常是肩背手提，人手一个小宝宝，还要不时左顾右盼，催促可以独立行走的大一点的宝宝及时跟上。看似手忙脚乱，却难掩那种温馨气氛。这难免让我这样刚踏上"晋级当妈"之路的人非常羡慕，对未来满怀憧憬。

这些快乐的体验，给我和小乖不知不觉间注入了新的活力。在我看来，怀孕期间去一个风景宜人的地方，进行一次

我的尼亚加拉之行，小乖的胎教之旅。

愉快的旅行，对孕妇来说，游山玩水间，做了很好的运动；对胎儿来说，感受妈妈传递来的愉悦心情，也不失为是一种良好的胎教。

大瀑布之旅回来的第二个礼拜，我就顺利地生下了小乖，比预产期提前了近乎三个礼拜。虽然有点意外，但也想过是不是和坚持游泳，以及这次长途旅行有点关系。不过医生说，这都不重要了，最重要的是小乖非常健康。这句定论为我的孕期运动算是打了个满分。

我孕期坚持做了这么多种运动，唯有一种运动——家务活儿基本没做。这是有原因的。经过我的"充分"论证，做家务根本不符合"F.I.T.T."孕妇运动原则。这种运动要做就每天都必须做，运动量总是比预计的大，往往精疲力竭也不能保证完成得很好。更何况小乖爹再三地"强烈要求"，我考虑了半分钟，决定在孕期把进行这项运动的机会让给了他。

现在孕期虽然结束了，鉴于小乖爹表现出的"极大热情"，我很希望小乖爹毕生爱好这项运动，这将会对我们家的团结和睦起到更好的促进作用。

小乖妈碎碎念

在身体状况允许的情况下，每天保持一定的运动量，对宝宝和孕妇都有好处。运动时，一定要遵循孕妇"F.I.T.T"的运动原则。掌握好度，运动才会轻松安全。

我孕期坚持游泳和做孕妇瑜伽。特别是孕妇瑜伽中的某些特殊姿势以及冥想，更有意想不到的良好效果。而对日常生活中的很多简单平常的姿势稍加注意，也是孕妇班老师的好建议。

孕后期的尼亚加拉大瀑布之旅真是一次难忘的旅行，自然的美景为我本已疲倦的身心重新注入了能量，成了我孕期运动的点睛之笔。

第四节
享受你的孕期

孕期，你是家里的老大

几年前的一个晚上，我，"未来的"小乖爹和一对朋友夫妇一起吃宵夜。那位当时正在备孕的太太指着桌上的菜很认真地对她的先生说："这家餐馆是我的最爱之一，这些菜都是我最喜欢吃的。等我怀孕之后，只要我想吃，你就要准备随时来这儿，给我买任何我想吃的东西……"旁边，她的先生含笑不语，低头"领旨"。对面，我和小乖爹面面相觑。

之后，那位太太转身语重心长地对我说："这是你一生中最有资格把老公呼来唤去的时间，不管

最浪漫的事——一起做幸福的准爸妈

他平时是一个多么充满了'叛逆思想'或者阳奉阴违的老公，他都不太可能在此时拒绝你的各种要求。因为只有在这段时间里，他真心诚意地认为你最辛苦，你是这个家的老大。这段时光之前，你不要自以为是；这段时光之后，你也不要再指望。机会难得，你要好好利用啊……"

回家的路上，小乖爹偷偷瞄瞄我，"恳切"地说，等你怀孕了，想吃什么喝什么尽管说，无论什么时间我都会出去，统统给你买回来。

我当时还太年轻，为了表明自己是个彻头彻尾的"女权主义者"，我很豪迈地回答，情况应该没那么严重吧，你放心，我没那么娇气，不会有那么多要求的。两个人应该同时松了一口气。

后来孕期的不适感却远远超出我的想象。手肿脚肿，整个身体变臃肿，这都还算是无法避免的小问题。给整个生活带来的不便，岂是三言两语能说清楚？以下即是我安然度过孕期的一些小秘诀。

（一）孕早期，第一～第三个月：自治孕期风寒

由于没有孕吐反应，我的孕早期过得和平常没有太大的差别。但也有很多孕妇吃了吐，吐了吃。我的几位好友吐到后来，要到医院去挂盐水。我虽侥幸逃过一劫，但是看到她们那么辛苦，我还是必须说，孕吐反应辛苦程度——五颗星。

我每天一个人待着，自己做饭自己吃。一切都还是很顺利的。我整个孕期就病过一次，是在第二个月得了风寒。西

医理论中，一直认为有些药是"安全"的，可以在孕期服用。我却牢记中国的老话——"是药三分毒"，不想在这个时候轻易吃任何药。

后来我决定先用中国的老办法——热姜汤压一下。烧好了一大锅姜汤，趁热连喝两大碗。我扯过被子蒙头就睡，发了大半天的汗。醒了，再喝一锅热姜汤，又睡。醒了，再喝再睡。弄了几个回合，风寒就这样被我扼杀在"萌芽"状态中了。

（二）孕中期，第四～第六个月：不长妊娠纹的秘密

我的肚子从第五个月开始明显变大了。当妈妈的自豪感油然而生的同时，各种问题也纷纷冒了出来。

小乖爹给我报了孕妇班，每个礼拜三下午都很积极地带我去上课。孕妇班里都是夫妻两个一起来上课。老师强调说，老公们重在参与，如果老公们能更多地了解怀孕给老婆们带来的身体上和精神上的变化以及原因，大家都能在老婆们怀孕的这段日子里好过一点。说完，众人大乐。我和小乖爹相视一笑，认可对方到目前为止还没有给自己找什么麻烦。

很快，"和平共处"的日子就结束了。随着肚子的皮肤变得越来越痒，我开始担心妊娠纹的问题，心情时好时坏。小乖爹想表忠心，说他保证不会嫌弃我的。我笑他自作多情："我又不是怕你嫌弃我，我是怕我自己嫌弃自己。"

老师很坦率地告诉我们，妊娠纹基本上是没什么人为的办法可以控制的。只是妊娠纹的形成和肤质有密不可分的关

系：皮肤比较有弹性的人相对来说，不那么容易长妊娠纹。另外，体重增长比较均衡的孕妇，各个部位都是渐渐膨胀起来的，所以妊娠纹的状况也会好些。

我开始担心自己会长妊娠纹：如果长了消不掉，那以后怎么穿比基尼呢？某日，闺蜜来访，献上一计：往肚子上抹橄榄油。并现身说法，她生完了也确实没有妊娠纹。既然老师都说没啥办法能有效挽救注定要长妊娠纹的肚皮，那我就"宁可信其有，不可信其无"。最坏也不过是真的长妊娠纹，总不可能因为涂橄榄油而长得更多吧。

自此以后，每晚临睡前，往肚子上抹橄榄油成了我的必修功课，直到临产。说来也妙，我的肚子上真的没留妊娠纹。尽管老师还是说这并没有科学根据，我心里还是有点感激小乖爹的。不管怎么说，人家督促我抹橄榄油这件事，还是精神可嘉吧。

（三）孕晚期，第七～第九个月：和牙医讨论备孕

第七个月的时候，我的一颗槽牙发炎了。我很后悔怀孕初期没有对口腔进行一次全面的检查。每天看着一桌饭菜，我实在"有心无力"。等终于决定为了胎儿多少吃一点，发炎的牙却实在是力不从心。

跑去看牙医，他检查了半天，向我摊摊手说，现在什么也做不了。给那颗牙做处理，就必须要打麻药，这对胎儿显然是不利的。那就只能吃消炎药。虽然这只能解决暂时的问题，但相对安全一些。

这样育儿更智慧——新手妈妈加拿大育儿手记

我问牙医能不吃消炎药吗，他笑笑，问我："你问问宝宝，她能不能不吃东西呢？"我知道这是不可能的。牙医继续说："下次注意吧，孕前还是要来检查一下牙齿，免得它们给你和宝宝带来这么多麻烦。"

我"这次"都没想好怎么办，还"下次"？我一直磨磨蹭蹭地不想吃牙医开的药，可牙就这么肿着，没食欲。小乖爹上网站去查药的成分以及服用注意事项，上药房问药剂师，还问了家庭医生、产科医生，都说"安全"。我实在是迫不得已，把药吃了。

直到现在，我还记得那种纠结的心情和吃不了饭的烦恼。孕前去看一次牙确实是一项很重要的备孕工作。把该弄的都弄好了，避免日后酿成大患。

牙疼这事儿就算是过去了，更尴尬的事儿——漏尿开始了。特别是大笑或者打喷嚏的时候，虽然有护垫，总还是感到很狼狈。老师说这很正常，因为子宫越来越大，开始压迫膀胱，尿频、尿急、漏尿都是正常现象。

她教了几个简单的动作，让我们随时记着练，我感觉情况得到了改善。比如，上厕所的时候，可以先憋着，从一数到五再开始。站立的时候经常有意识收臀。这些对产后恢复同样也有很大的帮助。

（四）临产前：睡好每一天

肚子继续一天天变大，睡觉也开始有了很多烦恼。不仅经常睡不着，而且会找不到一个能坚持很久的舒服姿势。越

到孕晚期，越要有好的睡眠，才有充足的体力。睡姿是非常重要的。

长时间仰卧对孕妇来说，是很困难的，而且很不安全。正确的睡姿是向左侧卧，让子宫得到休息。可以试着把一个大一点的软枕头夹在两腿中间，或者让身体在侧趴的状态下，把上面的那条腿架在枕头上。这两种办法都能避免睡觉时压到肚子，也增加了支撑力，孕妇感觉会比较舒服。

第九个月才开头，小乖就出生了。我的孕期圆满地画上了一个句号。

如今感受着小乖带来的快乐，想着当年那位女友的"忠告"，感觉孕期对我来说，也许并不仅仅是个"当老大"的机会，更是我和我亲爱的小乖单独度过的独一无二的日子。从这个角度去想，就算当初没有把小乖爹呼来唤去，"人尽其用"，我已经充分地享受了我的孕期。

那段日子里所经历的，无论愉快，还是烦恼，现在想起来只有幸福。当这一切一去不回的时候，我很庆幸，为了我的小乖，所有的付出都很值得。

小乖妈碎碎念

如果说这个孕期有什么让我遗憾的事，那就是我不能像在国内那么方便，随时吃到想吃的美食（国内的读者不存在这个问题，呜呜）。除此之外，如果你注意了以下几点，孕期其实是很快乐的。

结合我自己的教训，孕前应该至少去看一次牙医，尽早排除牙疼给孕期带来麻烦的隐患；孕中，小心避免大病小病，一旦遇到伤风感冒，也尽量用中医的办法解决；别不好意思，老公此时最大的存在价值，就是帮你干所有你懒得做的事。

好好享受这九个月，你真的能找到"当老大"的感觉。

第二章

在加拿大当高龄产妇

第一节
在加拿大，"高龄产妇顺产"是必须的

我一直信奉"性格决定命运"这句经典名言。也许正是个性里比别人更多了一份随性，我的生活充满了偶然。和大多数到我这个年龄的人不一样，我从不认为人生必须要"有计划"地进行下去才能获取精彩的收获。精心制定的生活轨道永远也跟不上变化快，任何一件偶然的小事情都会打乱所有的计划。比如老公忽然告诉你，他等不到年底，现在就想换一份工作；又比如，某天早上起来，你发现你怀孕了。

顺产好处多，能顺必须顺

在年龄跨过了三十大关之后，对于生宝宝这件事，我一直持一种顺其自然的态度。有就有，没有就没有，不强求。至于小乖爹的态度——他从来也没有正面回答过我。不过，现在也不需要了，不管他是不是真的希望过，小乖都真的生出来了。每每看着他抱着小乖傻笑的样子，我就会揶揄他："老

来得子。"

其实我笑人家小乖爹纯属五十步笑百步。怀上小乖的时候，我已经满33周岁，再过半年就34岁了。按中国人的观点，34岁才生头一胎，当名副其实的"高龄产妇"是绰绰有余了。

国内的亲朋好友纷纷向我道喜的同时，免不了都嘱咐我要安心静养，谨慎保胎，做好剖腹产的准备，一切都会很顺利……小乖爹更是如临大敌，自打我正式归他照顾之后，一有个风吹草动，就恨不得把我往医院送三趟。

我的妇产科医生芒都医生是个矮矮胖胖，看起来很有喜感的中年男人，据说他是我们市最好的妇产科医生，专门负责高龄产妇。不过从第一次见面开始，芒都医生就从没和我强调过作为一名"高龄产妇"应该特别注意的任何问题。

每次预约结束时，护士都会很有计划地安排下次需要见面的时间，并且一再强调，除非有紧急状况，不然在这段时间内是不需要见医生的。但是很显然，我和芒都医生在什么情况算"紧急"的看法上，存在着极大的分歧。因此，后来每当看到我慌慌张张地不请自来，一开始芒都医生都会被我吓一跳，以为真的有什么"突发状况"。

结果，他很快就发现我的突发状况就是"产前焦虑症"，想得太多，来来回回地问那么几个没有建设性的问题："医生，我该吃什么呢？""医生，我该喝什么呢？""医生，我现在能不能做运动？""医生，今天我游了一个小时的泳，是不是运动太剧烈了？""医生，孩子这两天怎么不动了啊？""医生，今天孩子动得很厉害，没什么事儿吧？"

"一切都很正常。该吃什么吃什么，该喝什么喝什么。""每天保证一个小时的运动是非常有好处的。""孩子也要休息啊，她不动就是她在睡觉嘛；动得多，说明她在做运动，想和你玩呢。""孩子的心跳非常有力，她很健康……"芒都医生每次都耐心地回答我这些重复的问题。

"可我34岁了，这是我的第一个孩子……"我觉得自己必须再次向医生强调一下，我可是"高龄产妇"啊，"而且我想顺产……"芒都医生显然没明白这两者之间有什么矛盾。他向我解释，高龄产妇其实只是一个医学上的概念，实际情况由医生视产妇的体质而定。只要没有特殊情况，如胎位不正或者产妇有严重的并发症，大多数身体健康的产妇都是可以顺产的，这和年龄没有关系。实际上，"顺产"在这里更是一个规定。

"谁说你不能顺产了？"面对医生的反问，我不知道该怎么跟他解释。在国内，我认识的人里，特别是对30岁以上的，有一个剖一个，我这种情况，更是定"剖"无疑。这里面当然也有很多老外不能真正明白的各种原因。抛开那些纯属人为的因素不谈，单纯从医学角度分析，正常情况下，顺产永远是利大于弊的。

顺产对孩子和父母都有好处

从婴儿方面来说，顺产的孩子由于通过产道，得到某些有益菌，比剖腹产儿具备更多免疫力，从而身体更健康。只为求良辰吉时，把宝宝"定时"从妈妈的肚子里取出来是不符合自然规律的。中国古话说"瓜熟蒂落"，该出来的时候，他就会出来的。早晚都是宝宝选，我们没必要替他着急。

对妈妈们来说，自身顾虑比较多的是身体恢复问题。产后，我的自我感觉还是良好的。生完一个礼拜内就为小乖复诊，去了医院三次。第二周开始做简单的康复练习。九个月过后，大部分原来的衣服都能穿上了。而剖腹产的妈妈开始活动的时间可能要晚点，毕竟剖腹产不是一个小手术，要谨慎对待伤口。

不过，最终的恢复状况和每个人的体质还是有关系的。顺产也有人身材走形，再也回不去了；剖腹产同样也有人瘦回到产前的基本样子，看不出来生育的痕迹。只是从统计数据上看，顺产恢复好的占多数。

至于产后依然身材玲珑有致的明星们，我只能说，我们和她们不一样，我们是一般人儿。

对准备生第二胎的妈妈，第一胎是否真的需要剖腹产更是一个需要慎重考虑的问题。剖腹产手术在子宫壁上留下的创伤到底能在多长时间恢复到可以承受第二胎的程度，和产妇的体质以及第一次手术的质量都息息相关。而顺产避免了这个问题，妈妈们就不必烦恼了。

顺产对爸爸们来说也是有利的。和孩子的妈妈一起经历生孩子的过程，爸爸们会有一种参与感，虽然这不是肉体上的，但是在精神上能够分享这种快乐。这在老外的顺产理论里也是相当重要的一部分。

当然还有一种很尖锐的言论慢慢在为人所注意：做妈妈意味着什么？没有把孩子的健康放在第一位，而因为其他各种原因选择剖腹产的妈妈，到底为孩子考虑了多少？

老外不重视高龄产妇

在周围一片"顺产是必须的"的舆论声中，我终于下定决心。那一刻，忽然觉得自己变得很伟大，这是个多么具有牺牲精神的决定啊！于是，每次和不管老外还是老中聊起育儿话题的时候，我都会很骄傲地告诉别人，本人已经三十有四了，还准备顺产生头一胎。然而我很快发现，第一，并没有什么人真的觉得我就是真正意义上的"高龄产妇"；第二，顺产这件事，在这儿确实就是个稀松平常的事儿。

任何一个给我做检查的医生听到这话的时候，都只是微微一笑，基本都没别的反应。没有一个人像我所期望的那样说，哎呀，这真是太不容易了，你到这个年龄还准备顺产啊，真是个好妈妈。

就算医生见的病人多，34 岁确实不是个老到不容易生孩子的岁数，这里的老中也已经学会漠视我这个年纪的产妇了。我刚刚有点得意地告诉别人自己的年纪，立即就会有人告诉我："哎哟，那个谁谁谁都四十了，上个月刚生了个儿子，照样顺产……"另一个人马上补充："对啊，我也认识个某某某，三十九了，才要的孩子……"言外之意就是，我这真是"a piece of cake（英文，字面意思是'一块小蛋糕'，此处意为'小菜一碟'）"。

总而言之，国外对高龄产妇顺产这件事的态度让我不由得想起毛主席的名言：战略上藐视敌人，战术上重视敌人。

抱着小乖回国后，如我所料，我再次在国内亲友的称赞声中找回了虚荣心。当初，担心我不能免受剖腹产之苦的亲友立即开始向我打听，我是如何成为一名"成功的高龄产妇"，再将我的经历转述给他们的亲友。我这块在国外不受重视的"小蛋糕"在国内几乎是逢人必被夸，更得到好些年岁比我小，却做了或者可能会被要求做剖腹产的美眉们的"崇拜"。还有什么原因比这些，更能让一个高龄产妇毫无顾忌地公布年龄呢？

这次怀孕，我在加拿大和中国面对了天壤之别的两种态度。只有小乖爹始终如一地很把我当回事儿，对于我孕期中提出的各种有理无理的要求，都能做到有求必应，照单全收。可惜我那时候是在不可能随时随地吃到正宗中国美味的加拿大，不然我一定会把他指使得团团转，不论刮风下雨，半夜三更也必须出去给我买我临时想起来要吃的东西去……

嗐，也就这么一说吧，现在也没用了，下次吧！

小乖妈碎碎念

在没有麻药的那些年代，没有发明剖腹产之前，母亲们也通过顺产生下了她们的孩子。但太多的国内剖腹产经验让我从怀上小乖开始，就为能不能顺产这件事纠结。

结果，我发现除了我把自己当高龄产妇外，没人认为我不能顺产。实际上，加拿大医院的规定是，没有特殊情况，任何人都必须顺产。国外各种产前教育都在提倡顺产，一再强调顺产的优点绝对大于剖腹产：孩子会因此获得更多免疫力，母亲能够恢复得更顺利，父亲则会更有参与感。对三方都有好处的顺产最终让发明剖腹产的老外把剖腹产列为了第二选择。

每项科技进步一定会解决过去的某个难题，但是对我们的负面影响也绝不会少。在这个问题上，老外比我们认识得更清楚。

第二节
生产前的最后 24 个小时

不管是怀孕的那几个月里，还是产前 24 小时，只要没生，孕妇们最迫切地想知道的，也是当时我最担心的问题：痛不痛？现在生完了，我自觉很有资格像当时其他妈妈告诉我的一样，风清云淡地说一句：其实也没有那么痛吧。真实情况是，我打了硬膜麻醉，也就是无痛分娩，真的不怎么痛。

我所感觉的分娩之"痛"，确切地说，是一种很强烈的下坠感，和平时经期下腹胀差不多。但是想象一下，那是比你平时能忍受的痛经要厉害数倍的感觉。现在说起来，似乎还是很轻松的。当这种痛伴随一阵紧似一阵的宫缩袭来时，腰酸背痛，浑身上下没有一个地方让你觉得舒服，也许你会理解为什么电影里会有的产妇汗珠大滴大滴地冒。

找到适合自己的方法缓解疼痛

水疗有一种奇妙的功效，可以缓解疼痛，所使用的水是干净的流动水。温度不要太高，刚刚好就行。水让紧张的皮肤有一种放松的感觉，从而缓解宫缩带来的疼痛。

我也看到过很多关于"水中分娩"的报道，据说这种方式可以让产妇更加轻松愉快地完成生产。可惜由于卫生措施等各方面的要求都非常高，到现在也不是非常普及。而且选择这样的分娩方式，一定要在完全无菌的情况下，结合专业医生的指导。羊水破了之后，就要更加注意了。

此外，在家人或者医护人员的帮助下，产妇也可以坐在一个大的健身球上面，让在一边感到内疚却帮不上忙的老公帮着揉揉腿、捶捶背，这些在最后时刻也都多少能让自己感觉舒服一些。

孕妇班老师也给过一些自我缓解的小建议，其中不乏一些有趣的说法。比如在最后阶段，做了所有的努力都看不到希望时，也可以分散一下注意力，去专心想一样你最希望得到的东西。不要不切实际，就要一种你产后立即可以底气十足地要求的东西。小到一顿大餐，大到老公愿意买单的奢侈品。据说确实有产妇因此而使生产变顺利。

老公的双重功效：秘书兼业余助产士

像我这么有文化的文学青年不可能像小说或者电影描述的那些不顾形象的产妇那样，宫缩的时候，痛得气到把老公家里十八辈祖宗都问候到。我还是很给小乖爹面子的。知书达理嘛，这是一个美女作家的基本素质。但是人非圣贤，有必要的时候，我也要狠狠地踹他一下才能缓解疼痛。

虽然我没有经历最后时刻想生生不出来的痛苦，不过老公能关键时刻在身边还是挺重要的。特别是宫缩间隔开始有规律地变短，生产进入倒计时之后，老公还可以帮你记录这些必要的数据，这对医生的判断会有很多帮助。

从怀上小乖，到生产，到最初学着怎么喂她，老外医生总是要我们把遇到的情况"用笔记下来"。从我的饭量，宫缩次数，到小乖每天噗噗嘘嘘的颜色，我们总以为我们很清楚，可每次面对医生的询问，我和小乖爹的答案永远不一样。两个人还会因此不高兴，觉得对方是想当然。就算记得，也经常会不精确，误差太大，还是没有任何意义。学着把发生的都写下来，医生问的时候，一目了然，医生也更好做判断。

现在拿着医生发的各种各样的表格，看看小乖爹当时草草记下来的那些数据，何尝不是一种纪念？因此在我生孩子的过程里，我必须承认小乖爹的参与是相当重要的。

好几个女朋友说，她们生产的时候不想老公们进去。我很理解她们的忧虑。我生小乖的时候，小乖爹一开始就在产房里呆着。我和他说好了，过程不录像、不拍照，我就同意他和我一起等小乖出生。

后来打硬膜麻醉，没有一个亲人在身边，前两针硬是没打进去。一个原因是确实很痛，另外一个原因就是害怕。打第三针时医生让小乖爹戴上口罩，穿上消了毒的袍子，让我抓住他的胳膊，这次一下就打好了。那个时候真的觉得他就是最后一根救命稻草了。

饿着肚子生小乖

比起"痛"，给我印象更深刻的是"饿"。最后几个小时里我实在是太饿了。带着不知道什么时候才能生的苦恼，明明有吃的，却不让吃，而且还被明确地告知，要等生完了才能吃，那种等待可是双重折磨啊。

躺到产床上，才想起来我根本什么都没吃。这一时半会儿又生不了，我得抓紧时间想，该让小乖爹给我买点什么来吃。都说人一饿，脑子会变得比较迟钝。可我的脑子那刻运转得飞快，立即就变成了一个巨大的手机屏幕，眼前出现了各种图文并茂的照片，一堆各色食品在我眼前晃悠着。我迅速排除那些想吃但是在这里不可能吃到的东西，比如牛肉河粉、小龙虾、大闸蟹、麻辣烫，很快就锁定了比萨饼。

现在我还是很后悔，那么多好吃的东西，怎么就选了比萨饼呢？如果不是选了比萨饼，我应该也不会继续饿了12个多小时，直到生完小乖。当时，我抓紧时间跟小乖爹布置任务：如此这般……小乖爹正欲退下，却被护士拦住了。

必须要感叹一下博大精深的汉语语音实在太准确了，把"比萨饼"这音翻得那叫原汁原味，护士再根据当时说话的

"吃货"产妇的产前愿望

场景，加上我和小乖爹的比画，便猜了个八九不离十。护士立即严肃地指出：由于我存在剖腹产的可能性，所以直到生都不能吃任何东西。回想当时人家护士的意思应该是说，任何人都有做手术和顺产两种可能性，风险各半，所以不要吃东西。当时我心慌慌地听着，怎么都觉得这是一种要剖腹产的暗示。

小乖爹认为护士说得有道理，决定还是不给我买东西吃了。又怕我生气，就趁我不备躲出去了。我饿得在那儿连发脾气都发不起来。最后，还是姥姥像变戏法一下，掏出了一个"珍贵"的卤鸡蛋，趁护士没发现塞到我嘴里，算是没让我彻底饿到最后。

鉴于我"光荣"地顺产，怕给剖腹产带来影响的种种假设也就都随之不成立了。生完以后，我们当笑话讲给护士听。护士苦笑一下，也只能作罢，想了想，还是回头很认真地提醒了一下："下次"不要这样了。

"下次"？如果真的有下次，我一定一日三餐照常吃饱，越到预产期临近，越应该作息正常。亲身经历了这一次，我很知道吃不好睡不好，到最后这一搏的时候，体力上不去有可能会给产妇，特别是那些一心想"顺"的产妇们带来不少麻烦。

待产包里必要和不必要的物品

当时准备最不充分的就是待产包了，也还好因为医院提供了大部分东西，所以也没到要什么没什么的地步。不过，如果有足够的时间预备好，到时候拎着就走，显然更好。以下列出来的，有的是我用到过的东西，有的是我很后悔我没带去的东西。每个人的情况不同，需求也会不一样，仅供参考。

我用到过的东西：

1. 洗漱用品，睡袍，拖鞋，换洗的内衣、外衣。简而言之，就是出去旅游带的衣物。

2. 多带一些卫生巾吧，当然如果是剖腹产可能会用到纸尿裤。

3. 随身听。让你躺在产床上不至于太无聊，还能听着音乐放松一下，快速入睡。

4. 照相机和录像设备。最好事先和老公沟通一下吧，如果你不愿意或者他不愿意拍视频，就只带照相机，宝宝出来了，来个第一时间全家福。

我很后悔没带的东西：

1. 巧克力棒之类的零食。饿的时候这类东西能补充点能量，在生之前，护士不会让你吃正餐的。

2. 梳子、口红之类能简单提点神的小淡妆。不要指望自己和李嘉欣一样美颜永焕，生完以后，你可能比你想得要憔

这样育儿更智慧——新手妈妈加拿大育儿手记

待产妈咪之《葵花宝典》

悴得多。现在看看我当时在产房里的样子，真是惨不忍睹——披头散发，脸色蜡黄。经常记得把自己整利索点，未尝不是件好事。

3.宝宝的小衣服，小帽子，小毯子，奶嘴、奶瓶。这些东西中有些医院会发。因为早产，我们当时根本没来得及准备。

4.如果你有母乳，可以带一个吸奶器。在一些情况下，宝宝有可能会只喜欢在奶瓶里吃奶。

还有一样也许不起眼，却很温馨的东西——感谢卡。我们给芒都医生写了一张感谢卡，小乖爹在卡上写道：感谢您，让我们的世界从这天开始变得更加精彩。希望每当芒都医生看到小小的卡片，都会想起这美好的一天。

正是从这一天开始，小乖为我和她爹的生活翻开了全新的篇章。

小乖妈碎碎念

生小乖之前，我已经不记得问了多少个有经验的妈妈多少遍"痛不痛"。其实该痛还是会痛。在各种方法里，早点发现一个适合自己的缓解阵痛的方式，最后24个小时可能不那么难过。

老公陪产在我的经验里，是很有必要的。记录下临产前的重要数据，在关键时刻让我不那么害怕，小乖爹起到了非常重要的作用。

　　在这重要的 24 个小时里吃饱睡好，更不要忘了带上万能的"待产包"。回想我当时带了或没带的东西，有些东西是我当时并没有想到，但是参照别人的经验又确实觉得很有用的，所以在上文中一并列出来供大家参考。

第三节
小乖加拿大落地记(一)

羊水是会漏的

话说那天，我游完泳回来，挺着大肚子直奔厕所。低头间，赫然看到一块儿无色无味，像蛋清一样的东西。这是个什么光景？一个念头飞闪过脑海，但是立即被我否定了，离预产期还有接近一个月呢！这怎么可能呢？

我整理了一下衣服，审视镜子里的自己是否花容失色，然后从容地走出了厕所。可是作为一个准妈妈，本着高度的责任感，我还是打开了搜索网页。"羊水"，我小心翼翼地把这两个神秘的字敲上去。

"漏羊水……"当这几个字映入眼帘的时候，我才意识到，原来羊水不全是一下子破掉的，还可能一点一点慢慢地漏出来。但是结果都一样：如果宝宝24小时内不出来就有危险。这种小概率的事情到底是不是正发生在我身上呢？

伸手关了电脑，深呼吸，我躺回到我的专用太师椅上。"没那么巧吧？"我顺手抓了一个苹果啃起来，过一会儿就把这件事忘到九霄云外去了。一个小时以后再去上厕所，这次的"蛋清"却有变成液体的倾向了，我的心跳开始加速。

我躲到房间里给医院打了个电话。接电话的护士像传说中一样不紧不慢地问我："你确定那是羊水吗？不是羊水的话，你还要回去，真的破了才能来。"不过，她一听说是开始"漏"，还是同意我尽快去看孕妇急诊。

我和姥姥、姥爷商量了以后，把小乖爹从单位叫了回来。小乖爹满头大汗，一进门就急着问宝宝怎么了。我琢磨着怎么能不吓到明显已经开始紧张的小乖爹，只说今天可能要去医生那里做个检查。小乖爹二话没说，立即上车送我去医院。

到这个时候为止，毫无先兆，我没有任何不舒服的感觉。路上正好碰到一条马路在翻修，我还指着窗外的警示牌告诫小乖爹："此处修路，若他日前去医院，定应绕路而行，不可延误大事，切记切记！"

Today is the day

孕妇急诊门可罗雀。寥寥数张病床上，躺着几位披头散发、脸面浮肿的孕妇。我朝门口坐镇的胖护士干笑两声，说明来意。她上下打量一番，目光停留在我的肚子上，又抬头看看我，好像我脸上写着"诈和"两个字。我自觉羞愧，因为我这肚子确实比同时间待产的洋人们小了不少。

我心虚地路过其他病床，走向胖护士指定的那张床。拉上帘子，我真想跟小乖爹说："不玩了，咱回家去吧。"结果没等我抱怨，素来说话不会拐弯的小乖爹已经说话了："你有没有发现大家看你的表情很有趣啊？"

我不说话，等着他自投罗网。"嘿嘿，刚才大家一定都在想：'搞啥呢？你说生就生啦？我们肚子比你大，都还没轮上，你且等呢。'你要是没情况才正常嘛。"小乖爹只顾自己说得高兴，哪里看到我一脸的尴尬。

也罢，我打定主意不和他计较。想想，待会儿多半是要以"诈和"之嫌在众目睽睽之下打道回府，不由得神色黯然。

布帘子拉开，进来两个护士开始为我做检查。刚才那个胖护士直接看看我的护垫，立即摇头，说："没有。"另一个护士手里拿了根应该蘸了试剂的棉签，在我身上试了一下，棉签变色了："羊水。"

大家的脸色也都跟着棉签变了。"可我的预产期不是还有将近一个月吗？"我完全没有思想准备，就好像一头还在忙着长膘的牲口，被主人为了招待忽然到访的客人，临时决定出栏。

胖护士的笑容变得和蔼可亲起来："但是这就是事实啊。你们不高兴吗？"她看看面前三张万分错愕的脸。"高兴高兴，"姥姥最先反应过来，"可我们希望顺产的啊……"胖护士不高兴了，因为我们打击了她的积极性。"这个和顺产又没关系。如果你的条件允许，你当然还是可以顺产啊。"

胖护士拍拍我的肩，进行最后的"战前总动员"："不要担心，医生马上就来。准备准备，Today is the day！（就是今天咯！）"

我才忽然开始琢磨：今天是几号？在家安心养胎，我很久不看日历了。小乖爹慌慌张张地抬手看看表上的日历："今天十八号。"我可怜巴巴地看看姥姥和小乖爹——真的就是今天了吗？

三个大人正在踌躇之际，我已经被胖护士半扶半抬地弄到了一辆轮椅上，直奔产房而去。

虽然心中颇为忐忑，但是路过那排满含羡慕的目光时，我还是不由得有点趾高气扬。这可不是诈和，我也没想生，可就是这么容易就要生了。后来事实证明，也并不是我想什么时候生就什么时候生的，还是医生说了算。

产床上的煎熬

躺到产床上，我调了又调，怎么都不能让自己感觉更舒服一些。我绝望地开始幻想医生来了以后会告诉我，胖护士她们弄错了。

来来去去几个护士忙乎了半天，小乖爹很快就兴奋起来，申请去给他女儿买婴儿安全座。我立即联想到，我喜欢的那种婴儿座还没开始打折。早知今天如此，还不如当初买了呢。

我挥挥手让小乖爹退下，他便欢天喜地地买婴儿座去了。回头看看姥姥，她比我还紧张，一直一言不发地坐在斜对面盯着我。我正想安慰她，医生来了。

她带上手套给我做完检查："宫开两指。"然后咧？我很想听她说，开得不够多，可以回家等。结果，她居然和我讨论起今天的日子来。"中国人不是喜欢 8 吗？今天的日子有 8 呢，不好吗？"她笑眯眯地看看我。

"我不喜欢 8，"我小声地咕哝着，好像这事可以和她讨价还价一样。

"今天不一定生得出来呢，可能要到明天了。"医生严肃起来，"如果我不在，你要有什么情况，她们会安排有经验的大夫为你接生，你一定要放松。"

我看看墙上的钟，离明天早晨，还有十几个小时。

我抓紧最后的时间，把那个纠结了很久的问题落实一下："我到底能不能顺产？"医生毫不迟疑地点点头："我相信你可以的。"听到医生给了这么肯定的答复，姥姥脸上的表情终于缓和下来，把我的手紧紧地攥在了手里。

医生走了。一个美女护士开始忙前忙后往我手臂上扎管子。我听从了她的建议：小眯一下，以防晚上宫缩时，没体力"折腾"，很快就昏睡了过去。

蒙眬中，又有人走了进来。我奋力睁开眼，窗外，天已经黑了下来。美女护士带着另一个女医生走了进来，身后跟着个膀大腰圆的女护士。女医生自我介绍说，她是今晚的值

偏偏不爱 "8"

班医生。大家握了手后，她问我现在感觉怎么样。

没开口之前，我就想到这个回答一定会让大家都很尴尬。本想婉转一点，说得模棱两可点，转念一想，在这种"大是大非"的情况下，仍然恪守"中庸之道"显然是不明智的。我磨蹭了一下，如实相告我没感觉。

如我所料，屋子里所有人目光里期待的光芒都在瞬间熄灭了。女医生一定没想到小乖居然继续潜伏在她老妈我的肚子里，还是没有想出来的迹象。女医生研究性地看着我，明显停顿了一下，一边从口袋里往外掏手套，一边偏头和那个壮护士小声嘀咕："我再检查一下。"

"宫开两指。"女医生剥下手套，不得不接受这个事实，决定开始给我打催产针。

本着对待任何事物都该是"瓜熟蒂落，水到渠成"的原则，我们立即对这件事提出了质疑。打针，在我们看来，不就不是自然分娩了吗？绕了一大圈，我们又回到了一开始的疑问上：小乖的预产期真的还有1个月呢，她真的该今天生吗？

女医生耐心地向我们又重申了一遍：宝宝确实已经准备好了，没问题的。姥姥脸上的焦虑溢于言表，又开始站在那里看着我发呆。小乖爹和我虽然也充满了疑惑，但现在，相信医生是唯一的出路。几个月后，当我在某个节目上听到女主持人说到她生孩子的心情时说"那时，你就能体会牲口的心情了"，我颇有"英雄所见略同"的感触。

第四节
小乖加拿大落地记(二)

宫缩和打麻药，哪个更痛

晚上十点，我被痛醒了，传说中的"宫缩"开始了。起初，我还觉得自己能挺住，医生也说打麻药越晚对胎儿越好。伟大的母性自然又在此时绽放出了光芒，我咬着牙拖了两个多小时。

我按原来孕妇班里老师教的那样，吸吸呼，但两秒钟后，我就改了主意，变成吸吸吸呼，又想想，好像刚才的呼吸似乎更有效些，等改回来又想，还是吸吸吸呼比较适合自己……直至最后变成完全没有规律的呼吸。整个过程由于我的不镇定而变得混乱不堪。

而"镇定"恰恰对产妇来说是很重要的。任何一种呼吸法都是为了减轻疼痛，如果忙着想那些呼吸的规律而增加了痛苦，那就忘掉所有曾经学到的呼吸法吧。

后来我要求小乖爹和姥姥一人握住我的一只脚，等到仪器上显示高峰期来临，我使劲蹬的同时，他们用手把我的脚顶回来。这个办法倒是为我减轻不少疼痛。把针头扎好，美女护士说她该下班了，晚上是刚才进来的壮护士值班。我感到了一种莫名的落寞。进了产房，我一直在和她聊天，让我觉得在这个特殊的环境里，总算和一个人稍微熟悉了一点。现在她要走了，想想明天早晨她再来的时候，我可能就该和小乖一起迎接她了，突然觉得明天好遥远。明天真的会来吗？

两个小时后，壮护士来了，检查后告诉我：目前为止，宫开五指。

这消息简直是五雷轰顶。"你是说这样才是五指吗？"我瞪着壮护士不甘心地问。她一定想我是痛昏到连听懂英语的"五"都有困难，于是伸出一个手掌："没错，五，五指。"

我看看墙上的钟，晚上十点半。壮护士说，再过两个小时左右，等开了七指，以后就快了。绝望的一瞬间，我居然想到：照这样的速度"折腾"，小乖的生日就是十九号，这样也不错。

壮护士绝对不会想到我是这么个天马行空的人物，看我不说话，于是用同情的口吻建议可以打麻醉了。我一定是她见过的不知道第多少个艰辛的产妇，她的同情也许是职业成分居多。就算这样，壮护士也让我感到异常温暖。

我无心恋战，在姥姥的悲情目光中放弃了最后的坚持。

十几分钟以后，麻醉师来了。开了无菌灯，姥姥和小乖爹都被请了出去。在一阵紧似一阵的宫缩下，一种不信任感随着强烈的恐惧慢慢爬上了我的心头。我背对着麻醉师，把自己尽量蜷成一只胖虾米，不由自主地伸手牢牢攥住了面前扶着我的壮护士的胳膊。

第一次剧痛传来，我条件反射地一下子就把背挺了起来，用力握住壮护士的胳膊，她显然有点吃不消，"谍对谍"似的用力反手抓住我的胳膊，朝我身后看看，摇摇头，针头没进去。

壮护士一面架住我的胳膊，以防我太痛再捏她，一面向我演示要蜷得让脊椎的骨节都分开，针头才能进去。等我喘得稍微轻点儿了，她又鼓励我再来一次。

我心里很纠结，却也只能再试试。壮护士看我点头，生怕我反悔似的，赶紧把我架得更牢一些，告诉我就坚持三分钟，之后就解脱了。三秒钟我能不能坚持得住都是问题，还三分钟，吾命休矣！

事情却并没有发生任何改变，因为这针又没扎进去。我尖叫了一声，开始放声大哭。麻醉师和壮护士都被我吓了一跳。壮护士还是尽职尽责地抓住我，哄小孩似的说："好了，好了，马上就好了……"我的不配合让麻醉师的工作变得更困难。第二针很快便再告失败了。

我的态度很坚决，拒绝再打第三次了。壮护士让我好好想想，打麻醉这针的痛不及后来宫缩痛的十分之一，而且要是这次麻醉师走了，可能今晚就不会回来了。我只忽然觉得这会儿的宫缩和打麻药比起来，似乎好了许多，说不定就挺过去了呢？我真是太瞧得起自己了。带着这个大错觉，一个小时后，我就自食其果了。

正当我们确定已经无法再减轻任何疼痛时，壮护士转回来了。本以为她会大声喝斥我们自作自受，结果，她只是和气地抱进来一个很大的衣服包，让我跨坐在上面，看能不能感觉好一点。

我便又在衣服包上坚持了不到半个小时。看看表，才凌晨一点过一点点。以现在这个情况根本不敢想到天亮会是个什么光景。大家商量了一下，小乖爹又把壮护士请来了。她麻利地给我做了检查，宫开七指。"你决定还是做麻醉啦？"壮护士看着我笑。

这次壮护士法外开恩，允许小乖爹留下来。我的紧张心情得到缓解。也许是已经痛到可以忽略其他所有的感受，也许是这次蜷得很到位，当然更有可能是有小乖爹助阵，这次很快就成功了。

十分钟以后，我就无比舒畅地坠入了梦乡。

这个孕期的完美句号

太阳照常升起。十九号的天当然还是准时地亮了。七点半的时候，笑靥如花的美女护士来给我做检查。准确地说，她只是往床下看了一眼，就急急忙忙出去叫芒都医生了。

鉴于之前十几个小时我自己的经历，和录像上看到的种种其他产妇哼哼唧唧的临产状态，想到有的人在真正"生"这最后一步上，又要耗几个小时，我以为自己还要熬一会儿。仗着麻药，我变得无所畏惧："九点能生出来吗？"

开始忙碌的美女护士看看表，很老道地说："没那么久，八点就可以搞定了。"

说这话的时候，还有几分钟就八点了。有那么一秒钟我甚至想，是不是美女护士把表看成六点了，不然她怎么觉得这一切能在几分钟内结束呢？

芒都医生和一堆护士很快就出现了。产床被升了起来。我晕乎乎地看着他们陆陆续续地往房间里推各种各样我不认识的仪器，有一种灵魂出窍的感觉。

美女护士站在我正前方，眼睛看着床下，语气温和地说："现在我数一二三，你跟着我的节奏使劲。"我盯着正在戴手套的芒都医生，迟钝地开始吸气。美女护士的报数结束，我还没把气吐干净。她就急促地说："再来，一——二——三……"话音未落，她人已经闪到一边，芒都医生一个大步跨上来："好，使劲。"

还没觉得自己真的使上劲，我所有的工作就结束了。芒都医生头不抬、眼不睁地往我肚子上扔了一块灰白色的东西。

我没有任何感情地，甚至带着一点惊恐地看着这块开始蠕动的东西。这是个什么东西？这就是我的小乖吗？

芒都医生已经把剪子递给了拿着相机，站在一旁同样呆掉的小乖爹。在我的注视下，小乖爹剪断了我和小乖八个多月来相依为命的血脉。所有的人开始鼓掌，护士们立即笑意盈盈地抱走了开始放声大哭的小乖。

我以为我会哭，但是我没有，只是怔怔看着身旁的护士开始给小乖量身高、称体重。小乖曾和我独自厮守，度过了多少个暮暮朝朝，现在她属于我们大家了。她不再是那个默默在我肚子里捣乱的小坏蛋了，此刻她正用她有力的哭声证明着她真实的存在。

耳边响起了一首悠扬的乐曲。美女护士说，这是医院里一个温馨的惯例：每当有宝宝降生的时候，都会播这首乐曲，而这次是只属于小乖的。

壮护士把小乖放在我的胸口上，让我能更仔细端详她。她体重 2800 克，身长 48 厘米，是个非常健康的小公主。此时她闭着眼睛，又睡着了。芒都医生说这是早产儿的普遍现象。在随后的一段时间里，小乖会继续呈这种在子宫里的嗜睡状态，直到真正足月。

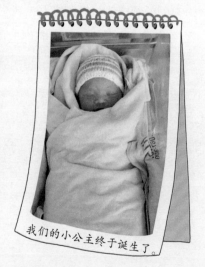

我们的小公主终于诞生了。

我没有那么感性，想到感谢造物主的伟大；我也没有那么理性，想到这是自己血脉的延续。我只是明白从这天起，我不再可以无所顾忌。我要好好照顾小乖，她以后的好与坏，快乐与忧伤，幸福与挫折，都与我息息相关。

我写下小乖诞生的过程，献给我最亲爱的女儿。日后，当她有一天看到这篇文章的时候，希望她明白，母爱就是这样炼成的！

小乖妈碎碎念

我用我的笔记下这段珍贵的回忆。不管是破羊水的非常规预产现象，还是打硬膜麻醉没能一次成功，对我、对小乖这都是唯一的。

一切比预期的早了点，却并不影响小乖成为一个健康的早产儿。一波三折的分娩过程，坚强、勇敢、忍耐，尽力好好配合医生，最终让我体会到初为人母的欣喜。幸福的准妈妈，你也可以做得到哦！

第三章

"奶牛"的美丽与哀愁

第一节
母乳是最棒的婴儿食品

母乳永远比奶粉好

在中外奶粉大战愈演愈烈的今天，奶粉对婴儿的重要性似乎已经无可非议。在欧洲、美洲、大洋洲的奶粉瓜分中国市场的同时，他们真正的母婴健康理念却没有像他们的产品一样，被如此广泛地推崇。

母乳是0～6个月宝宝的最佳食物，如果条件容许，喂到两岁是非常好的。母乳在营养价值、增强抵抗力、预防各种儿童常见病方面都有着奶粉无法超越的优势。

如果买"洋奶粉"是不可避免的，至少我们也需要明确两点"洋育婴"的基本观念：第一，每个新手妈妈都有母乳，只是多或少的问题；第二，出生后的头六个月，宝宝不能吃别的东西，只能吃奶。好的奶粉，营养成分当然都很全，含量也不会低，吃奶粉长大的宝宝甚至可能比吃母乳的宝宝块头大。但是母乳作为宝宝最天然最健康的食品，应该始终是妈妈和宝宝共同的首选。

也正是因为这样，越是好的奶粉，越是自我标榜：我们的产品是最接近母乳的奶粉。

母乳"越吸越有"

我的母乳不足，小乖从出生到第四个月满，都是一半母乳一半奶粉。第四个月之后母乳实在是没有了，才开始吃全奶粉的。她吃的奶粉也不是我们选的，护士开始喂她的时候，我甚至不知道那是个什么牌子的奶粉。小乖能吃到母乳，可以说，也是护士帮她"争取"到的。如果不是她们告诉我母乳"越吸越有"的原理，我可能早就不得不放弃给小乖喂母乳了。

小乖一生下来，护士把她洗干净之后，往我肚子上一放。我看着小家伙在那里蠕动，好奇地问护士："她眼睛都没睁开，怎么知道上哪儿去找东西吃呢？"护士说，她有本能，闭着眼也行。

于是，产房里的所有人都开始"围观"我的肚子。小乖费了半天劲，终于又往上前进了几厘米，果然准确地找到了"吃饭"的地方，赶紧张嘴，一副要大吃一顿的样子。我们这些旁边的大人们也都兴奋地准备看她享用人生中的第一顿"美餐"。

结果，一会儿我们就发现可怜的小乖其实什么也没吃到，她在享用自己的"错觉"。她自己很快也发现，咂了半天嘴是在做无用功，眼睛仍旧闭着，这次却委屈地大哭起来。

开始，我和她爹还笑她"懒惰"，"想不劳而获"。护士非常有经验地抓住小乖的后颈，原理估计和拎一只小猫是一样的，只等她哭着一张嘴，就往我胸上凑。正当我们庆幸这次小乖终于吃上奶时，她却再次放声大哭，宣告放弃——吸不出来。

"是不是我没奶？"我倒是有这个心理准备。"别担心，甜心儿，你一定有的。产后这四天，小乖难吸到母乳是正常现象，因为这会儿乳房循环系统还不是很通畅。"护士很有把握地说："再说，小乖太小了，这样直接吃，对她这样的小宝宝可能太费力了。用奶嘴对她来说比较轻松。"护士打开一瓶瓶装奶，小乖含住奶嘴立即贪婪地大吃起来。我很内疚地看着小乖。母乳千好万好，没个"给力"的妈就好不到宝宝身上。我却偏偏就是这么个不给力的妈。

转去护理病房不久，就来了一位"母乳营养介绍师"。一进来首先叭啦叭啦说了一通母乳的好处，听起来，喂母乳简直就是"双赢"：对宝宝为什么好，自是耳熟能详；对新手妈妈而言，喂母乳不仅能帮助体形恢复，而且能加快内脏器官的复位，从长远的健康角度看，更可以降低日后患癌的几率。

新手妈妈如果能顺利变成一个"大奶瓶"，那么宝宝随时都能吃上奶，同时也免去深夜起来配奶的诸多繁琐工作。当然最实惠的，也是不容忽视的一点：奶粉钱统统都省下来了。现在看来，这在国内可是一笔不小的开支呢。

我拼命点头，表示同意，一心希望她能赶紧实践一下。

结果弄了半天，挤是挤出来了，倒也没有传说中的那么疼，但确实不是很多。营养师赶紧从身后拎出一个小小的发动机一样的东西，告诉我说，这个叫"吸奶器"。

"你知道母乳是'越挤越多'的吧？"她指指自己的脑袋，开始给我讲产妇脑子里的腺体是如何通过"条件反射"，按宝宝的需求，让母乳"越来越多"的。"吸奶器"到底能不能帮我挤出更多的母乳，比母乳到底为什么可以因此而变多，更能引起我的兴趣。

宝宝所需的母乳剂量

营养师教我怎么用吸奶器之后，告诉我，为了跟上宝宝的食量，应该每隔 2～3 个小时就吸一次。先吸好了宝宝马上要喝的那部分，她喝着，然后我继续吸。因为我的母乳偏少，可以吸到完全干净为止。这样宝宝下次哭，就可以把后来吸出来的这部分给她吃，然后我在她吃的时候继续吸……

吸奶的具体次数和数量当然要因不同情况而异。每本书上的数据也会大同小异。但一天的总量，误差不会超过 100 毫升。每个宝宝的食量不同，一开始的这一个月都是每隔 2～3 个小时吃一次奶，每次吃 45～90 毫升不等。如果总量不是相差太远，新手妈妈也不必太焦虑。关键是看宝宝，尤其是吃母乳的宝宝，有没有吃饱。

营养师说最简单的办法就是，一边喂到她不吃为止，然

小吃货的幸福生活

后给她拍嗝，换尿布，再给她吃另一边。如果她没吃就睡着了，下次就从没吃的这边吃起。新手妈妈们还可以通过宝宝发出的吸奶声是不是有规律等各方面来观察宝宝是不是真的吃饱了。小乖喜欢用奶瓶的最大好处：至少我们能准确知道她到底吃了多少。

母乳的储存

试用了几天之后，这个机器还是挺好用的。小乖爹和我先租了十天，后来去买了一个二手的，严格消毒后开始使用。闺蜜说她曾经用过一个手动的，手酸得要命，也不见得挤出多少。我就买了个电动的。自己调好了强弱档，开关一开。边看着手里奶瓶的母乳多起来，边算算这些够宝宝吃几顿，还是很有成就感的。

有时候吸也不见得能吸得出来，主要是乳房里面的循环没有完全畅通。医生建议说，妈妈们可以在喂奶前，去冲个温水澡。姥姥一般都是帮我烫好热热的毛巾，一边敷，一边揉。这样出奶能快很多，比硬吸要舒服很多。母乳较多的妈妈，最好能每次把奶吸干净。无法吸干净的情况下，也可冷敷，暂缓循环，以免引起乳腺炎。

从那之后，我就自称"奶瓶"，尊称小乖爹为"饭票"，可惜我这"奶瓶"的产量经常"供不应求"。听说有的新手妈妈母乳多到宝宝吃不完，没办法还要倒掉，我不知道有多么羡慕。不过，和其他新手妈妈没用吸奶器，宝宝不得不很早就断母乳的情况比起来，我的母乳能没有间断地撑了四个月，我还是很欣慰的。

有时我也会锻炼小乖，让她直接吃，可总以她哭闹着吃不饱而告终。医生说我的母乳后来变少，和小乖不肯直接吃是有关系的。机器吸和宝宝吸对大脑的刺激毕竟不是完全一样的。这个小家伙就是这么性急，急着从她妈妈肚子里出来，急着要在最短的时间内吃饱，吃不饱就要闹，真是拿她没办法。

后来经过我亲身体验，才知道"使出吃奶的劲儿"此言不虚。有时要替小乖试试奶嘴好不好用，不得不承认，"吃奶"可是个力气活儿。这也许是因为大人都有牙齿了，吮吸功能很少锻炼的缘故。看似小乖吧唧吧唧小嘴就能吃到奶，其实她还是很"累"的。我和她爹最终还是对她"使了半天劲，没吃到什么东西"的气愤表示了理解。

严格地说，只要宝宝喝过的奶瓶，就算里面的奶没有吃完，也必须倒掉，因为用过的奶嘴可能会滋生很多细菌。为了避免这种浪费的情况，我们会把奶分成一大一小两份，保证大的那份一定能被吃完的前提下，小的那份即使没有吃完，也不至于浪费得太多。特别是对我这样母乳不足的妈妈，这是非常有必要的。

白天多吸出来没有喝过的母乳都必须在一个半小时之内放进冰箱。小乖爹还去买了好多小小的白标签贴纸，写上吸奶的日期和钟点的代号，便于区分不同时间"出品"的母乳。母乳在冰箱里可以被冷藏两天，甚至冷冻两个星期，以备不时之需。

那段时间，我总幻想冰箱是个中药铺子，一到小乖吃饭的时间，打开冰箱门，翻看着贴着不同日期的奶瓶，期待着小乖把它们都喝光，长得壮壮的。有时，一个妈妈的心愿也不过就是如此简单吧！

"超出平均水平" 的小乖

断奶的那天还是来了。在很多天吃什么都没有增加"产量"后，我的母乳颜色也变淡了很多。家庭医生说，如果这样的话，就不要勉强了。每天一共就 30 毫升，对一个每天应该至少吃

800 毫升奶的四个月大的宝宝来说，我能提供给宝宝的母乳实在太少了。

这时，小乖的健康状况已经在每个月的例检中，得到了她的儿科医生周医生的极大肯定。她不仅各个方面都没任何问题，而且体重被周医生称之为"超出平均标准"。

周医生是个很慈祥的老先生，来自中国香港。开始我们很担心，小乖这是不是就是婴儿肥胖症？他回答得很慢，但是很肯定：不是。按他的解释，小乖这种偏重的孩子，就是高于婴儿体重平均线，不过绝对低于肥胖线。更通俗地说，就是比别的孩子"壮"一点。

对于小乖这么个早产的孩子，后来能"取得这样的成绩"，显然和她吃的东西有着密不可分的关系。好的奶粉必不可少，母乳同样起了很大的作用，再加上小乖确实是一个给什么吃什么的宝宝。她能比当初生出来，比她个头大得多的孩子长得好这么多，我们做父母的更加倍感自豪的同时，也觉得在这样的情况下，断奶也安心了。

每天我还是尽职尽责地把母乳挤出来，幸好，小乖对母乳和配方奶并不挑剔。我最终停下来不吸了之后，小乖也并没有发现她吃的东西有什么改变，每天照样抱着奶瓶不撒手，那副好吃的样子真是让人"又爱又恨"。

"爱"是看到她吃得这么香，为日后的身体发育打好底子，有一个健健康康的体魄，这是万事的根本。"恨"是每次小乖一哭闹，只要有人给她奶喝，她立即就能闭着眼睛，安安静静地大吃二喝起来，分明就应了那句老话"有奶便是娘"啊。

我有时候忍不住看着怀里，正忙着吃吃喝喝的小乖唠叨："小乖小朋友，你作为一个小女生，这么好吃是不是不太合适啊？"顿时有"很多"人站出来为她说话。姥爷说："她还小嘛，以后再注意。"姥姥会说："她吃得不多怎么长得壮呢？"小乖爹看看他闺女，干脆说："我怎么没觉得她吃得多呢？"

那好吧，大家都这么认为的话，那我这当妈的还能说什么呢？"那……一岁以后就要注意咯。"我低头看看小乖，想找个台阶下。这才发现，人家头不抬、眼不睁，完全沉醉在奶瓶的世界里，才没工夫理我呢，说了也白说。

小乖妈碎碎念

对新生儿来说，母乳永远是最佳选择。它不仅最天然、最经济，其营养搭配更是最适合新生儿的。哺乳期一开始，我并没有显示有充足的母乳，在准备不得不就此放弃时，营养师给我好好上了一课：每个母亲都会有母乳，而且是越吸越有的。

就算是这样，为了让小乖吃到母乳，我也是费了几番周折的。不仅要想出各种办法疏通乳房的循环系统，我还学会了用吸奶器，再把吸出来的母乳按照严格的卫生要求储存起来，随时满足小乖的需要。

　　小乖就这样吃了四个月的母乳加奶粉，但效果却是令人惊喜的。我是"奶牛"，我自豪!

第二节
"奶牛"们如何心疼自己

鲁迅先生曾说过：吃进去的是草，挤出来的是奶。这句名言刻画出的"孺子牛"形象妇孺皆知。现如今，用这话来形容我们这些为了让宝宝多喝上一段时间的母乳，忙忙碌碌寻觅各种发奶的土方洋方，再接再厉强迫自己一日三餐大口吃肉、大碗喝汤的新手妈妈们，也绝不为过。

虽说这肉和汤听起来都是比"草"好上不知道多少倍的东西，可再好的东西也受不了天天吃。特别是汤，这是每顿饭的菜谱上绝少不了的。餐餐一定拼命摄取足够的热量，每天喜不喜欢都要喝上几碗没什么咸味的汤，对需要发奶的妈妈们不算"折磨"，也是一种考验。

事情无一例外地都有两面性。母乳不多的时候，要想着怎么下奶，等真的发出来了，或者本身母乳就很多，同样会带来烦恼。最常见的就是溢乳，最糟糕的就是乳腺炎。时间稍微长一点，没来得及把母乳挤干净的妈妈们就要遭受尴尬和疼痛的双重烦恼。

哺乳妈妈的贴心小帮手

溢乳相对乳腺炎来说，只能算是个超小的问题。大不了有点尴尬就是了，而且比较好解决。孕妇班的最后阶段，有一节课是老师教大家认识各种母婴用品。她先给每个人发了一样东西，让我们自己先说是干什么用的，也无非就是些奶嘴啦，爽身粉啦，湿纸巾之类很常见的东西。

偏偏到我，老师发了个圆棉花垫。我的第一个想法就是应该是擦什么东西用的。身边探过头来看的小乖爹，一副好奇的样子："干嘛的？""终于也有你不知道的了？"我们两个"星外来客"除了借机互相挖苦，都没有头绪。

轮到我说了："这是个垫子，棉花做的……用来帮助……"我正在想往下怎么编。千钧一发之际，老师顺理成章地接了过去："是的，这是用来吸多出来的母乳的。"

反过来再仔细看看，才发觉背面有一小块儿不干胶。用的时候往罩杯里一贴，到了一定时间换就行了。防溢乳垫能使乳房保持干燥，使乳头不容易皲裂，并同时减轻摩擦中带来的疼痛。

当时还没买哺乳胸罩，还想就算有这个贴儿，换起来也很麻烦。后来才发现，所有的东西都是配套的。大多数妈妈在怀孕期间胸部增大了，不得不再去买大一号的新胸罩。在哺乳期结束后，现实却是很残酷的：胸部基本恢复原样。我这样的就更惭愧了，甚至有"缩水"的迹象。原先还幻想着这下能借此"升杯"，实在是太不靠谱了。

买不方便哺乳，日后也并不一定戴着合适的普通胸罩，不如买个舒服实用的哺乳胸罩。更重要的是，哺乳期要特别注意对乳房的保护。哺乳胸罩和普通胸罩相比，除了没有帮助修饰胸形的海绵垫外，罩杯部分是可以从上端打开的，便于妈妈们随时哺乳。

如果说"随时"哺乳是妈妈对宝宝无可厚非的义务，"随地"哺乳在国内似乎就一直是一个饱受争议的话题。有的妈妈们不分地点，在众目睽睽之下当众哺乳，到底应该被看成是"母爱的伟大"，还是"有碍观瞻"？

"随地"哺乳的妈妈们若能戴一个哺乳胸罩是不是能好点呢？究其根本，这也算不上什么大忌吧。我在国外也看到过有妈妈们在公共场合哺乳。她们一般都会戴这种哺乳胸罩，减少了感觉"袒胸露乳"的视觉冲击。

戴上哺乳胸罩，贴上防溢乳贴只能解决表面问题，由于哺乳而可能产生的乳头酸痛、皲裂，甚至更严重的乳腺炎就需要妈妈们对自己身体的变化时刻关注，把病症消除在最轻的状态。

好的喂奶姿势有多重要

小乖吃的母乳都是机器"吸"出来的。不管是机器"吸"还是小乖"吸"，酸痛都是由于乳头受到长时间的拉扯后，又没能得到及时的护理造成的。"吸"奶器没有办法调整距离，这是由机器决定的。如果是宝宝吸奶，妈妈们调整喂奶姿势在一定程度上能缓解乳头酸痛。

一个好的喂奶姿势，需要母婴双方的默契，必须好好培养相互的感情。每天都要有一段时间，妈妈们和宝宝单独呆在一起，相互感觉对方的体温，熟悉对方的心跳。从小乖刚生下开始，护士就把她放在我胸口上。小乖就安静地趴在那儿。护士说，小乖会在和我这样的互动中，产生信任感。

最普通的两种哺乳姿势分别是：摇篮式——宝宝吮吸时，躺在妈妈同侧的手臂上；橄榄球式——宝宝吮吸时，妈妈用另一边的手抓住宝宝的后脑勺，让宝宝靠在这只手臂上。孕妇班老师也教过其他的姿势：妈妈侧卧，在背部和大腿垫上枕头，作为支撑，把宝宝放在侧卧边的胸前，脸朝妈妈，就可以吃上奶。如果不够高，可以在宝宝身下也垫上枕头。用这种姿势，妈妈们就不必用手臂托着宝宝，手臂能得到休息。

摇篮式

橄榄球式

侧卧式

喂母乳的姿势

　　"哺乳枕"也是妈妈们哺乳的好帮手。它看起来和半个救生圈没什么两样，只是它里面不是空气，而是稍硬一点的填充物。妈妈喂奶时，把它卡在自己的腰上。抱住宝宝的同时，宝宝的大部分重量都落到哺乳枕上去了，妈妈的手臂只是起一个防护作用而已。比起要一直抱着宝宝，保持一个姿势，等到他们吃完，才能腾出手休息，有了这个哺乳枕确实要舒服一些。

话说回来，妈妈们为让宝宝找到最好的角度，专心吃饱，还是要花很多心思的。任何一种辅助物或者姿势都不能从根本上让妈妈们彻底休息下来。对宝宝来说，妈妈的臂弯是独一无二、无可取代的。

乳头皲裂与乳腺炎

乳头皲裂也是母乳喂养的妈妈们防不胜防的。我都忘了破过几次了。孕妇班的老师说这种情况下，要等自然风干后，再在上面涂上点自己的乳汁就好了。洗澡的时候，不要用沐浴乳专门洗乳头，因为这样反而会把本来的保护性油脂洗掉。总之就是，注意就好，一不注意就发现破了。

皲裂的那点痛比起乳腺炎的痛不知道要好上多少万倍。一开始，一切都还顺利。不到一个礼拜的时候，我就发现好像两边乳房出奶不一样多，左边快，右边慢。很快，我的右腋下淋巴的地方肿起来一大块，乳房上面也有一些小硬块。医生说可能是左边吸的时间比较长，奶就通了，当然出来得就快些。

姥姥就建议我每天吸奶前用热水敷一敷，再吸，再敷。

这样育儿更智慧——新手妈妈加拿大育儿手记

果然这一敷促进了循环，都通畅了很多。肿块慢慢消失了，事情却并没有结束。

某个夏日的白天，我正躺在床上呼呼大睡，忽然就开始像打摆子一样。大热天，外面快35度了，我躲在房间里，身上一阵阵发冷。姥姥找被子给我盖上，我还是蜷成一团。家里人都吓坏了，不知道这到底是怎么了。

好不容易哆哆嗦嗦地又睡过去了，恰逢闺蜜来电话问候。一听姥姥描述的我的情况，闺蜜马上超有经验地说，这是乳腺炎的症状，要抓紧时间把先兆的炎症消下去。去看医生，她说了半天的中心意思就一个字：吸。每三个小时，不管宝宝是不是吃完了，我都必须吸一次。她也按西医一贯的作风给我开了她认为"安全"的消炎药。我也一如既往地没吃。如果能自己好，就不要吃药嘛。炎症慢慢消了，我也退烧了。就这样，四个月下来，我觉得自己什么都没干，吸完了就睡，睡醒了就吸。直到四个月整的时候，我的母乳很自然地没有了。

应对落发危机

母乳一停，我的头发就掉得不那么厉害了。之前洗头的时候，梳子轻轻一拉，一把头发就下来了。我当时那叫一个心疼啊。这四个月里，看着自己日益明显的头皮，我曾一度怀疑我的头发会完全掉光。

医生说得挺轻松，掉发是因为荷尔蒙分泌还没恢复到产前的协调状态，这时候不要用梳子硬梳，要多吃黑芝麻之类的东西。所有的人都一心扑在小乖身上，我掉不掉头发，掉了多少，实在是个不足挂齿的小小事儿。我也就心一横：大不了以后多买些漂亮的假发，天天换发型。这样想想，我甚至有点高兴起来。

事实证明，耐心等到哺乳期结束，所有的问题就会圆满地解决。如果有妈妈遇到相同的情况，有空吃吃黑芝麻，温柔点对待近期内比较容易脱落的头发，当然更好。实在没时间的，也不用太担心。这只是个短期状况，要坚信任何时候，我们的秀发都不会轻易舍我们而去的。

哺乳妈妈要注意补钙

另一方面需要注意的是，随着母乳的不断输出，妈妈们身体里的很多营养也都流失了，准确地说，是转给宝宝了。这些营养中最多的就是钙。在弄清楚"失"有所值的同时，妈妈们一定要记得把这些缺失的养分补回来：多喝骨头汤，多吃含钙量高的食品，比如牛奶、各种豆制品。最直接的就是吃钙片。母乳没了，钙片也就可以不吃了。

这四个月的辛苦并不亚于怀孕时的任何一段时间。"大无畏"的奉献精神固然令人敬仰，但在现实生活中，新手妈妈们要学会心疼自己，这就是心疼我们的父母，心疼我们的孩子。

　　至于老公，我已经正式知会小乖爹，我相信他在一般情况下，还是能把自己照顾好的。

小乖妈碎碎念

　　做妈妈的伟大不仅在于她给了宝宝生命，在哺育宝宝的过程中，妈妈们做出的牺牲也是巨大的。大大小小的病痛随时都有可能给正处在幸福中的妈妈们带来困扰。

　　帮助妈妈们避免病痛侵扰的产妇用品随之产生。从防止溢乳，到便于哺乳，到预防乳腺炎，有很多实用性很高的小物品可以让妈妈们保护自己不被病痛侵扰。时刻注意身体的不适反应，知道哪些症状是乳腺炎的前兆，以便在炎症发生的最早期采取措施，对妈妈们来说也是非常重要的。

　　我也曾遇到大量脱发、乳头皲裂、缺钙这些哺乳期无可避免的状况，在咨询医生后，很多有用的建议让我安心地度过了哺乳期。

第三节
外国奶粉到底好不好

　　每当有人看到小乖的照片问我，你家宝宝长得这么好，吃的是哪个牌子的奶粉？我如实相告之后，那人一定还会补问，你觉得外国奶粉确实好吗？这个问题经常让我很为难。如果我说外国奶粉不好，这显然有点"没良心"。毕竟小乖是吃一半母乳，一半奶粉长大的，现在长得白白嫩嫩、膘肥体壮，不能完全否定人家外国奶粉的功劳。

外国奶粉真的会导致便秘吗

　　我一直认为只要一个品牌的奶粉质量过关、营养全面，它就是好奶粉。生活中，有好多看了我在天涯上发的帖子的妈妈们一直会纠结一些问题：外国奶粉真的适合中国宝宝吗？吃了外国奶粉，到底会不会使宝宝上火？

　　通过观察小乖和国外其他中国朋友家里宝宝的成长过程，我觉得国内的妈妈们多虑了。首先应该搞清楚什么情况下，宝宝才算是真的有便秘和腹泻的状况。

实际上，便秘并不像妈妈们想的那么常见。特别是吃母乳的宝宝，几乎不会出现便秘的情况。一两天不排便，对宝宝来说，是很平常的。宝宝的大便稀软也是很正常的状态。六个星期到六个月的宝宝甚至可能七天才排一次便。妈妈们有时会看到宝宝面孔胀红，发出"嗯，嗯"的声音，这很可能是宝宝在学习怎样排便，并非便秘。

如果宝宝排便次数比平时少，大便变得干燥而坚硬或者宝宝排便困难，出现这三种迹象中的任何一种，妈妈们则需要特别注意一下了。

在确定宝宝便秘之后，母乳喂养的宝宝可以适当增加喂养次数；六个月以下的宝宝吃配方奶也需要增加次数；六个月以上的宝宝多喝果汁和食用含纤维质的食物，能较好地解决便秘问题。

反之，宝宝每天排便的次数明显比平时增多，大便呈稀便或水便，他就有可能是腹泻了。在没有造成大量脱水的前提下，注意宝宝的进食，腹泻会自动停止的。如果情况比较严重，还是要及时送医院观察。

以上所提到的大便次数、颜色和质量对很多新手妈妈来说，是非常抽象的。没有比较，就无法知道到底该如何判断。因此，新手妈妈要有一个在宝宝吃饱的情况下，正常排泄情况的概念。

宝宝出生，直到第六个月，吃母乳的话，由于母乳易消化，宝宝会比较容易饿，他每天能吃 8～12 次。不过，妈妈一定本着"饿了才喂"的原则，不要一听宝宝哭，就立即想到他是饿了。开始小乖一哭，我也是赶紧拎着奶瓶冲过去。结果她只会闭着嘴，把头转到一边，要么往一边推开，反正都是哭得更大声。哄哄她，找到她最想要我替她做的那件事了，她也就不哭了。

在饱足感方面，配方奶一定是胜于母乳的。宝宝吃配方奶的次数会随着成长，从一出生与母乳喂养的次数相同，每月逐渐递减一到两次。

用配方奶喂养的宝宝吃饱了，第一到第四天，每 24 小时内使用的尿不湿的数量应该是随天数，每天增加一片。第一天用一片，到第四天用四片。第五天开始，一直到第六个月，每天至少要六片尿不湿。检查尿不湿是否湿透的标准是大约含有 45 毫升的水。

出生后的头两天，小乖的便便是一种墨绿色的黏性物质，医生说那是她在子宫里"吃"的东西的残留物。接下来两天，她的便便开始是绿色的，软软的，像一块钱硬币那么大。如果有宝宝便便是棕色或者黄色的也很正常。到第五周，小乖基本每次吃完奶都会排便。便便的大小不定，基本都是黄色的，看起来含有细小颗粒。第六周之后直到第六个月，小乖一般是一天便 3～4 次，便便的量不多。要是有的妈妈发现宝宝一个礼拜排便一次，只要量比较大，也都正常，并不是便秘。

虽说"头胎照书养"，但是本本主义是绝对使不得的。每个宝宝都是"个案"，任何数据对妈妈们来说，都仅起参考作用。

对选对的奶粉"从一而终"

有的妈妈也会向我抱怨，宝宝吃了 A 奶粉，便便不好，换了 B 奶粉，就得到了明显的改善。由此可见，B 奶粉就比 A 奶粉好。我倒不这么认为。这种情况只能说明这个宝宝的肠胃吸收状况比较适合吃 B 奶粉。一定还有其他的宝宝适合吃 A 奶粉。

更何况，我不得不说，中国如今的奶粉市场品牌繁多，各种各样的奶粉让妈妈们眼花缭乱。哪种是最好的？众说纷纭。转头看看我现在生活的城市，超市里就那么几个牌子，叫得出名的牌子有四个，叫不出名的有两个。也从没听说身边有妈妈为选奶粉整日打听，更没听说过哪个妈妈因为孩子便秘或者腹泻换过奶粉。

作为一个没有加入选奶粉大军的妈妈，在我看来，奶粉有过多的选择并不一定是好事。选定一种口碑不错的奶粉并不是一件很难的事，难的是一定要从很多种奶粉中选出一种最好的，这在我看来也没有必要。好奶粉的优点几乎是一样的，坏奶粉却各有各的不好。

　　妈妈们应该注意：一旦为宝宝选定一种适合他吃的奶粉，就不要轻易更换了。宝宝的胃口还是很娇嫩的，把奶粉换来换去不仅没有意义，而且对宝宝也不会有什么好处。宝宝吃奶粉是为了健康地成长，不是想把自己锻炼成一个"美食家"。

母乳的营养缺在哪儿

　　宝宝吃的奶粉质量确实很好的话，可能会比吃母乳的宝宝要壮，但这并不可否定"母乳第一"的原则，只能说明奶粉在人为的营养成分添加上，确实有一定的效果。如果说母乳有什么不足，那就是母乳中维生素D含量不足。在我喂母乳的那四个月里，每天往奶瓶里滴上一滴维生素D滴液，这样也就足够了。

　　家有吃奶粉的宝宝，做妈妈的辛苦和喂母乳的妈妈又有不同。配奶粉的妈妈必须在宝宝夜里哭第一声的时候就从被窝里爬起来，而且水和奶粉的配比不能搞错，奶温也必须保持在不冷不热的适宜温度。相比之下，喂母乳的妈妈半夜三更醒过来，昏昏沉沉中基本也能完成任务。

　　有很多妈妈休完几个月的产假，要回去上班了。可以把挤出的母乳储存在冰箱里，上班时供宝宝食用，下班后继续为宝宝哺乳。确实决定给宝宝断母乳的妈妈每天多喂一次奶

粉，过段时间多喂两次，以此类推，用这样渐进的办法来使
宝宝适应吃奶粉，直至宝宝完全适应，并在六个月开始时吃
固体食物。

给宝宝配奶

一般奶粉桶上都会标出，配奶粉的水是温水。煮沸两分
钟以上，冷却，再放奶粉。有几种水是不能用来配奶的，含
二氧化碳的水，蒸馏水，矿泉水还有纯净水等。

把配好的奶从冰箱里拿出来之后，也绝不能图省事就用
微波炉一转了事。微波炉加热是不可能做到完全均匀的，烫
到宝宝，后果就很严重了。可以把奶瓶放到热水中，缓到室温。
喂给宝宝吃之前，用手背测定一下温度，偏低比较好。宝宝
的口腔比我们想的要敏感得多。

像小乖这样一半母乳，一半奶粉的宝宝也不会占少数。
医生说即便是到了小乖胃里，母乳和配方奶确实是溶到了一
起，喂她的时候，还是应该把装母乳和配方奶的两个不同的
瓶子分清楚。

不管是吃母乳，还是吃质量好的"洋"或者"不洋"
的奶粉，有条件的宝宝都最好能吃到一岁。小于十二个月的
宝宝不适合喝牛奶。牛奶铁质低，会引起宝宝的肠道出血。
十二个月大的宝宝可以开始喝牛奶，一定是高温消毒过的全
脂牛奶，因为这么大的宝宝还是需要从牛奶中摄取热量和脂

肪的。羊奶和豆类、米类饮品所含营养不全面，而不为营养师们认同。

我打算让小乖把奶粉吃到两岁。断了母乳以后，我们每个月都还是要去看周医生，他总是乐呵呵地说小乖什么都挺好，一直在吃的奶粉里什么都不缺，需要注意的主要就是我们这些家长的卫生意识。

每过段时间，我们就要把小乖所有的"餐具"都放在干净的大锅里煮一次，自然风干后，再继续使用。配好的奶在冰箱里也最多保存两天。取出后一个半小时内，小乖没有喝完的剩奶必须倒掉。

为了"卫生"两个字，"浪费"这两个字和小乖的奶粉是脱不了干系了。有一次，我们带着小乖去看周医生，等的时间长了点，奶带少了。护士二话没说，就开了一瓶120毫升的瓶装奶。小乖那时太小了，120毫升够她喝两顿了。吃了一半不到，这个家伙就不吃了。护士很习以为常地一边把没吃完的奶顺手扔到了垃圾桶里，一边还跟我们说："一次没吃完的奶也不能要了，奶瓶和奶嘴都不干净了，会滋生细菌。不过母乳不多的话，你可以考虑把没吃完的母乳放到冰箱里，但是最好48小时内给宝宝喝掉。因此，我建议你最好事先配好宝宝一次喝的数量，多个5毫升没关系，但是不要多太多，不然就把母乳浪费了。"

看完医生，我在前面走，小乖爹拎着安全篮跟在后面，说："哎，你觉不觉得他们很浪费啊？那瓶奶还剩了差不多一半呢。"我有同感，可那也没办法啊，人家也是为了小乖好嘛。只听小乖爹在后面又咕哝了一句："早知道她会扔，可以给我喝嘛，我还没吃早饭呢……"

小乖妈碎碎念

以我"研究"国内外很多奶粉的经验看来，好的奶粉几乎是一样的，不好的奶粉各有各的不好。一切应该是以参考了宝宝正常情况下的各项生理数据为准：正常情况下，宝宝的便便是什么样的，便便多少说明宝宝是否便秘……妈妈们掌握了具体数据后，才能正确判断宝宝是否适应所喂食的奶粉。

多数情况下，奶粉并不像妈妈们想的那样，要千挑万选。选对了质量好的奶粉，国产奶粉、洋奶粉都能给宝宝一个健康的体魄。

选好了奶粉，妈妈们还要注意很多配奶的事项：该用什么样的水；如何加热到适合宝宝的温度；如果宝宝没吃完，奶又该如何处理，这些都是妈妈们的必修课。

第四节
"蓝色心情"是一种病

　　我一直幻想生小乖的时候会像电影里那样：小乖爹感动地把小乖抱到我面前，含着泪说："你看她多可爱啊……"然后，我们三个人再来段抱头痛哭……事实证明，艺术作品确实是高于生活的。当芒都医生把小乖往我肚子上一放的时候，我的大脑一片空白，稍后的第一个反应就是：九个月的孕期终于结束了，周围熟悉的生活环境改变了。未来的日子会变成什么样子呢？我完全没有头绪。

小乖带来的烦恼

　　出院后，亲朋好友的轮番庆贺让我的心情放松了一些，毕竟小乖的出生是大家都期待已久的事情。到了晚上，我常会在小乖睡着了以后，躺在床上回想这么多年来每件让我不如意的事。现在小乖出生了，有很多问题仍没有解决。小乖的未来会不会受到这些事情的影响呢？如果被影响了，我能

产妇爱发"无名火"。

为她做什么呢？想着想着我就会哭起来，觉得对小乖非常内疚。在某一个瞬间，我甚至忽然感到生活里似乎找不出一件真正值得高兴的事儿。

没办法把这些忧虑一一说给别人听，大家都只会安慰我说我想多了。我心里就很委屈：我没想多啊，小乖是我的宝贝女儿，我不为她想多点，谁还会替她想呢？我也总觉得周围的人都不如在孕期里那么关心我了。小乖爹、姥爷姥姥都只一心疼着小乖去了。那我呢？我一个人吃了那么苦，生完了小乖就没我什么事儿了吗？

我本来脾气就不是很好，那段时间更是会经常为一点小事，对小乖爹大发雷霆。姥爷姥姥一如既往地向着女婿，对小乖爹说："不要理她，等会儿就好了。"不善言辞的小乖爹几次试图向我发起反击，遭遇惨败后，大部分时间就会真的自己跑到一边去生闷气。很长一段时间里，我们谁也不和谁说话。

让所有人都不开心的结果就是我在家里处于非常孤立的境地。冷静下来之后，我也会后悔对小乖爹似乎太苛刻了，却始终很难控制自己的情绪。就这样周而复始，产后的一个礼拜，我问姥姥姥爷："我是不是已经疯了？"

产后抑郁症

过了几天，地区产妇健康部门打电话过来说，有工作人员要按程序家访，目的在于了解新生儿的健康状况和产妇的精神状态。挂了电话，姥姥还说："等人家来了，你要好好咨询一下，当了妈妈的人为什么自我克制力反倒差了呢？"

第二天，一个很和气的中年女士来按门铃。坐下之后，先听了我对小乖出院后状况的描述，她满意地点点头，然后面带微笑地看看我："你呢？你高兴吗？"

我怔住了。我真的高兴吗？我怎么告诉一个陌生人，其实我并没有想象中的那么高兴？我的迟疑似乎在她的预料之中："一半一半，对吗？"我不自觉间已经点了头。"你知道吗，有高达 80% 的新手妈咪现在会处在'蓝色心情'（Baby Blues）中。这是非常正常的。你不是例外。但是，你和你的家人要引起重视，因为这有可能导致很严重的心理疾病——产后抑郁症。"

是吗？那就是说，至少我到现在还没疯？我如释重负。姥姥也坐到旁边来，认真听护士讲。

家访护士介绍产后抑郁症从轻到重的几种症状。我现在的状况是最普遍也是最轻的症状。引起这种病的主要原因是新手妈妈的荷尔蒙还没有恢复到正常状态，加之身心俱疲，需要时间适应"妈咪"这个新角色，就会造成爱哭、易怒、睡眠不好、想太多。如果得到足够的重视，症状会在产后几个礼拜，很快地自动消除。但是如果得不到好的引导，这种疾病会越来越严重，需要吃药来控制。当吃药都失去了效果的时候，后果就不堪设想了。

这种心理疾病往往听起来似乎只是心情不好这么简单，甚至在一些不幸的产妇去世后，大家还是会惊讶，有什么事想不开要走上这条不归路。这是我们对心理疾病的认识太肤浅的表现。"这是一种病。"家访护士始终强调。总有千分之一的产妇在没能及时重视"蓝色心情"的情况下，出现更严重的症状，最终导致悲剧的发生。

把不快乐说出来

产妇能较好地调整心理很重要的一个方法就是学会倾诉。家访护士给了我至少10个热线电话，都是健康部门给产妇提供的倾诉热线。如果有些话不方便和认识的人说，产妇可以打这些电话倾诉。接听电话的人都是专业人员，在安全保密的情况下，他们会尽可能地对产妇进行帮助。当发现确实无法在言语上安抚之后，工作人员也会提醒产妇尽早就医。

"你的家人也都应该始终了解你的心理变化。"家访护士看看姥姥，之后对我说："你也要向家人朋友寻求帮助。对于你的发泄，他们对你的态度很重要。告诉他们你需要什么，理解和沟通是非常重要的。"姥姥将我之前对小乖爹的恶劣态度如实相告，家访护士莞尔一笑："这很正常啊，老公嘛，相信我，他不会介意的。"我们很有默契地笑起来。

这样育儿更智慧——新手妈妈加拿大育儿手记

长胖是一种说不出来的痛

"你知道吗,"护士话锋一转,笑着比比自己的肚子,"我每天都和刚生完宝宝的妈咪们打交道,你是我看到的身材恢复最快的新手妈咪之一。""真的?"我顿时开心起来。

在那段事事忧心的日子里,就算这只是一个善意的谎言,对一个刚生了宝宝两个礼拜的妈咪有多么重要,没有经历过孕期的人是无法理解的。不管之前我对自己日后的恢复多么地有信心,当时的事实就是,小乖出来以后,我的肚子还像怀胎五月的样子。这是我没想到的。每天面对着镜子,自己看起来膀大腰圆,每件衣服都是裹在身上的,所有的牛仔裤和裙子,无一例外,都卡在大腿一半的地方,再也上不去半寸。那种沮丧是一种说不出来的"痛"。

和众妈妈聊天的过程中,"担心身材无法恢复"是主要的产后烦恼。其他人无意中的一句话"胖了不少吧"都会让努力减肥途中的妈妈们心惊肉跳。再看看体重秤上的指针很久都没有动的迹象了,郁闷的感觉必然与日俱增。

因此我承认这个时候光有自信心还不够,我迫切需要尽可能多的人给我鼓励和赞美。

能帮助你的人就在身边

"哎呀,你又瘦了嘛。""老婆还是很漂亮哦。"这些简单的话，即使听话的人有时也明白不可全信，但是产生的效果仍会超出预料中的很多很多倍。老公们何妨每天多说几句呢？甜言蜜语此时不用，更待何时？

然而，如果老公是小乖爹这号人物，就不要有什么指望了。做老实人、说老实话、做老实事是小乖爹一辈子的标签。他那十二万分勉强的恭维话听起来，就像是十二万分故意的讽刺挖苦，真的是不如不听。我这等头脑清醒之人何必自讨没趣？

说不了好听的话，就得做点好看的事吧？我翻着家访护士留给我的有关"产后抑郁症"的具体介绍，总结了一下发脾气时的心情。我正式通知小乖爹：不能对我生气的事假装没听见；不能妄想这样的无为而治就能平息我的无名之火；也不能想着为自己辩护，因为任何反驳都只会火上浇油。

我希望小乖爹这段时间尽量"顺着毛摸"。没什么原则性的大问题，能哄则哄，可退就退，偶尔认两次小错当然更好……

后来的日子证明，只要小乖爹在我发脾气的时候，能低头做沉痛状，让我觉得自己说的话得到了重视，我在这个家庭的地位一如既往的"崇高"；姥爷和姥姥也不再完全护着女婿，大家都会比较认真听我抱怨一些并不值得抱怨的事，按我的要求，和我同仇敌忾，谴责被我抱怨的人，我就不会乱找茬了。有时候就纯粹是发泄，并不是想真的追究到底谁对谁错，让我说完了，这事就真的结束了。

这样育儿更智慧——新手妈妈加拿大育儿手记

当了几次"祥林嫂"之后，我也烦了，我会越来越快地平静下来。三个礼拜以后，我们平静的生活就恢复了原样。

唯一不同的是，以前我只管一个——小乖爹，现在我要管两个——小乖和她爹。

小乖妈碎碎念

如果我承认我生完小乖以后，我并不如想象中的那么高兴，会有几个妈妈有同感呢？宝宝诞生之后，母亲的这种微妙的心情变化在医学上被称为"蓝色心情"，属于产后抑郁症的初期。

此刻，为新生命的到来而欢呼忙碌的家人不该忽略了我们这些新手妈妈们的感受。那段日子里，我曾充分体会过易怒烦躁却得不到理解的心情。对于一个产妇来说，这是很难自我排解的，家属此刻正确的态度非常重要。

而新妈妈们，要随时都勇于把烦恼说出来，让身边的人知道你在想什么。无论是失眠还是长胖，不要忘了那个能帮助你的人就在你身边。

而作为产妇的家属，不要过多追究产妇为什么如此焦躁。多听听我们的抱怨，和我们一起发发牢骚，这就是我们小小的心愿。

第五节
坐一个"中西结合"的月子

在空调房里的产后第一天

话说那日，我经历了十几个小时的阵痛，几分钟之内完成了关键的最后一步，终于生下了小乖。坐着轮椅转到护理病房的路上，护士还特地把小乖抱过来，放到我怀里。从那之后，除了一次护士单独把小乖抱出去洗澡，小乖再没离开过我的视线范围。

进到房间，开着空调，气温估计只有22度的样子。我早习惯了老外向来开得很足的空调，但没想到护理病房的温度与其他地方完全没有差别。小乖爹赶紧请护士把空调温度调高点，护士笑眯眯地一边调一边说："甜心儿，外面有30度呢，你不热吗？"小乖爹和我对看一眼：就算有点热，也要看什么时候吧？

小乖被放在一张我手边的小床里。别的孩子在房间里放声大哭，她却安安静静地闭着眼睛做美梦。芒都医生说，她的本能还认为自己待在子宫里面，所以她的姿势和习惯保持着在子宫里的状态，直到三周后她真正的预产期到来。

各种医科的医生护士开始出出进进，给小乖和我做各项检查，结果显示我们俩都非常健康。我倒没有遇到护士要求我必须起来活动，洗冷水澡，只是提醒每上完一次厕所，都应该用配发的瓶子做好部位清洁。

医院的产后餐是免费的。从前天中午开始，我饿了整整24个小时，除了一个姥姥偷偷喂我吃的鸡蛋，肚子里空空如也。不过看着一堆色拉、三明治，什么都不如姥姥做的热乎乎、香喷喷的家常饭好吃。点餐单上只有一样叫"冰激凌"的东西让我很向往，然而在周围几双眼睛的严密注视下，我只能默默地把点餐单还给了护士。绝大部分老外一年四季都只喝凉水，所以也不会有人觉得产妇有必要喝热水。医院容许我吃冰激凌、喝凉水就是意料之内的事了。结果，免费餐没吃上，连水都是姥爷从家里专门带来的。

老外不"坐月子"

有几个好奇的护士会在进来检查的时候想和我聊点关于"坐月子"的问题，知道点皮毛的都听说产妇在月子里不能活动。"你在这个月里'动'了又会怎么样呢？"这是护士最爱问的问题。我有点语塞。按中医的原理，"动"了以后带来的影响也是很多年以后才能发现的。我笑笑，只好一个劲地和她们说，这都是传统而已，并非强迫。

月子大餐百百种，终有一款我喜欢。

来帮我催奶的护士也觉得"月子"很神秘："你知道吗，因为你要哺乳，让肌体产生乳汁的最低热量怎么样都会比宝宝吃掉的多。整整一个月坐在床上不动，但最后还是会比我们很多生完就下地，过两天就上班的产妇瘦，这很有趣。"我也只能朝她笑笑，说不出个所以然。

写这章时，适逢大家又开始争论一个古老的话题：坐月子到底是不是中式陋习？在这么多年真正近距离接触了老外的日常生活后，在我看来，老外选择不坐月子，确实是与他们自身的体质有非常大关系的。很多老外怀着孕，在凉凉的空气里，光脚穿人字拖，大口大口地吃着冰，兴高采烈地告诉我，可乐能使她们精神倍增。而另一方面，我也是去了国外，才知道会有那么多人对花生过敏，超市里的食品因此而认真标出警告，因为严重到会出人命。每年春天，不分男女老少都可能因为区区小感冒，在家里躺上一个多礼拜，甚至有人死于此病。

出月子的第三天，我们一家人去河边散步，一个看起来有七个月身孕的老外和她丈夫推着婴儿车走过来。她告诉我们她的宝宝已经生下三个月了，可她的肚子没有一点瘦下去的意思。看看我一个月之内小了很多的肚子，她很内行地，把"月子"的音发得挺标准："你们坐月子对吗？"她摸摸自己的肚子，然后指指我的："这个很好，真的很好。"

其实我明白，话虽这么说，但对于大多数老外，坐月子不仅麻烦，而且是一件匪夷所思的事情。西医里老是强调，万事要有根据、要讲科学，所以老外的产妇产后恢复崇尚运动。身体状况好转了之后，想尽各种办法锻炼是王道。跑步，游泳，登山，什么辛苦干什么。近些年除产后瑜伽之外，又开始流行推着婴儿车跑步，看孩子和运动两不耽误。经常看着辣妈们穿着紧身衣，推着三轮的婴儿车，在公园里慢跑，也成了一道风景。

我回想我国内的好友们，有几个是这样瘦下来的？至少我认识的人里没有。

这些国外的生活经验教我明白：对习惯了中式生活的人来说，不能一味地纠缠于"老外不坐月子，那我们为什么要坐月子"。这事儿还真不能一概而论。听身体说话，不盲从的选择才是最健康的。

中西结合的月子

小乖出生后的第二天早上，护士又进来检查了一遍之后，郑重通知我们可以带小乖回家了。尽管我对 24 小时出院这个规定略有耳闻，轮到自己还是不免有点不踏实，何况小乖早产了。"你确定我和小乖不需要留院再观察几天吗？"护士依旧一脸的笑容："甜心儿，医生说你们没问题当然没问题。难道你不想带小乖回家吗？"

"进去一个出来俩"，我带着小乖回了家。如果严格按月子的老规矩执行，我应该一进家门儿就躺上床，一个月脚都不能挨地。结果由于医院需要小乖做例行复诊，我产后第一个礼拜就出了三次门，剩下的 28 天里，我都老老实实在家躺着。

我从不认为自己是个因循守旧的人。亲身经历了生产之后，我是真的觉得"月子里"走路，十分钟以内还能接受，再长了自己会很不舒服。毕竟那是一个伤口，就算不需要坐月子这样的专门护理，至少也应该和别的手术之后一样，给伤口多一点时间，让它弥合得更好。所以，我除了吃饭、上厕所在屋子里每天走上 10 分钟外，能躺就躺着。

至于月子里多走路，日后会不会落下脚跟疼的毛病，没有实践就没有发言权。也许等老了，我才有资格来现身说法吧。

我也多多少少从产后第二个礼拜开始试着在床上做简单的产后恢复运动。不过，我是个相当懒的人。有半点不舒服，马上就给自己找理由不做了。真正全面的产后练习是三个月之后的事了。

我天天都会做部位清洁，但是洗头就免了。倒也没什么讲究，姥爷姥姥都是高级知识分子，从不盲目迷信什么东西。就是我自己会觉得头上凉凉的不舒服，那何必勉强自己呢？

以上这些只是我，作为一个从小适应了中国生活习惯的普通产妇的个人月子记录。我很感激我的妈妈忙前忙后帮我完成了一个中西结合的月子，我产后能够恢复到今天这个状态，没有她在那一个月里的辛苦付出，是绝不可能的。

产后瘦身，欲速则不达

坦白地说，我自己瘦下来的过程很慢。我能瘦下来，走的完全不是"疯狂甩肉"这条路。我不是明星，没有镁光灯和狗仔队老是讥笑我还没减完的赘肉。陪着小乖玩，顺便减肥，更合适我这样的普通人。

孕期里长了14千克，生完小乖却只瘦了4千克。我很羡慕那些生完了，马上掉至少5千克以上的妈妈们。月子里，我的体重更是丝毫未动，没有长胖就不错了。征得芒都医生同意后，第三个月开始，我就迫不及待地恢复了游泳，每周至少4次。可是收效微乎其微。

姥姥安慰我说，这是因为我正处于哺乳期，吃得比较多，又不能故意节食。听起来很有道理，但是那段时间我还是忍不住上网去查，到底哺乳期间会变瘦还是搞不好更胖？结果发现，看也是白看，说胖的人一半，另一半人说会瘦。最后的结论：胖瘦主要是由体质决定的。现在看来，当时看似有点阿Q精神的结论好像也没错。

瘦下来的妈妈很多，我也绝不是最有资格在这儿教大家如何做，才能达到最佳效果的那个人。我只是想和那些为瘦身苦恼着的妈妈们分享我的经历：要让自己习惯慢慢瘦这件事。6个月恢复到孕前体重的大概水平，后面的几千克给自己多一点时间，急于求成只会让自己更失望。要这样鼓励自己：没长胖就是胜利。"欲速则不达"同样适用于产后恢复这件事，健康在任何时候都是排在第一位的。

束缚带真的有用吗

许多妈妈产后很快就穿束缚带了，我是第三个月才开始想到该不该试一下。之前，总怕给还没完全恢复好的身体加重负担，所以没穿。闺蜜说应该是有点晚了，我还是决定买了件和束缚带作用相仿的紧身马甲。在我看来，实用的地方有两个：一个是尽可能把没减掉的赘肉箍起来，还有一个就是我眼里束缚带类产品的真正作用——帮助节食。

由于紧身马甲的"监督"，本来在哺乳期间吃大了的胃在吃了比以前少的东西时就有了满足感。少吃，加上一定量的锻炼，减肥自然也就水到渠成。

节食的同时最好也能进行一点锻炼，不然即使瘦，肉也是松的。比起游泳等比较剧烈的运动项目，产后瑜伽仍是一种非常值得推荐的项目。特别是产后瑜伽中有许多动作对于子宫等孕期有所变化的器官有非常好的修复作用，比如猫式、蝗虫式、眼镜蛇式等。这些动作可以一直做下去，因为它们对女性的身体健康是非常有好处的。

我还每天晚上做仰卧起坐。很多年没做，一开始我只能做10个，就累得不行了。但是两个礼拜以后，我可以做到25个了。每天在任何闲下来的时候，我随便往家里的地板上一躺，找个重物压住我的脚，最多不过几分钟，贵在坚持。

我产后最得意的就是我的腹部了，比产前还平。朋友也都说我的肉还是紧的。我的那种开心，只要坚持锻炼的妈妈一定懂的。

半螳虫式

眼镜蛇式

猫伸展式（拱背）

猫伸展式（凹背）

冥想（侧面）

冥想（正面）

让女人终身受益的运动——瑜伽

当然，这些都只是我个人"中西结合"的产后恢复经历。万事无绝对。不管是老外还是老中，也不管坐月子还是不坐，这些事情还是在个人。如果觉得无所谓，不锻炼也没人勉强。如果觉得有必要，就好好在家调整，争取早日恢复到一个令自己满意的状态。

出发点可以不同，但是目的都是一样的。从任何方面说，产后恢复对每个妈妈来说，都是非常重要的。即使心思不想花在减肥上的妈妈们也应该适量做些运动，让身体重新充满活力。因为今后的路上，我们又多了一个需要我们无微不至照顾的伴儿。

小乖妈碎碎念

我也曾考虑过追随老外，学她们不坐月子，但这么多年的生活经验，我不得不承认老外的生活习惯还是和中国人有很大区别的。根据自己的身体状况，随时调整坐月子的方式和时间的长短，我坐了一个"中西结合"月子。

我在月子里就开始了产后恢复，其实都是些躺在床上五分钟就能完成的简单动作，早开始有好处。老外的产后瘦身运动往往是很剧烈的，这一点我没有照搬，而是更加推崇产后瑜伽中那些简单有效的动作。

我并没有买很多产妇推崇的束缚带。一件紧身马甲同样起到了期望中的作用。因为我相信它只是一个辅助节食的工具。我三个月之后才开始使用，但也绝不算晚。少吃多运动，新妈妈也一定会瘦下来的。

第四章

养小乖也要入乡随俗

第一节
宝宝真的像我们想象的那么娇嫩吗

在医院顺利地通过各种测试，待满了 24 小时后，小乖被我们迫不及待地带回了家。但按照规定，新生儿出院三天内必须复诊。老人心疼外孙女，免不了要唠叨几句，也是，让这么小的宝宝出出进进，在国内是根本无法想象的。潜意识里，我们还是觉得我们和老外的体质不一样，不过老外可没觉得他们和我们有什么不同。

能吃，不怕冻——我们所不知道的宝宝

一早我们就到了母婴诊所，在和一个头发短短、神情严肃的护士大妈简单地聊了两句之后，被告知帮小乖脱衣服，称体重。我们以为意思意思就好了，脱了外面一件就不动了。结果护士大妈直接告诉我们，要脱得只剩尿布。为求体重的精准，护士大妈居然还拿出一个干净的尿不湿先在秤上称了一下。

在温度不到 25 度的空调房里，生下才 4 天过了几个小时的小乖躺在床上，闭着眼睛放声大哭。我心疼得要命，赶紧问护士大妈，小乖哭是不是因为她冷。护士大妈不屑地看看我："宝宝没有你想得那么怕冷，哭也是很正常的事啊。"然后大妈便像老鹰捉小鸡一样，熟练地握住小乖的后颈部，托住她的屁股，把她放在了秤上。

小红字不动了，护士大妈的脸顿时乌云密布："我想我们需要谈谈。"我和小乖爹一边手忙脚乱地想尽快给小乖穿好衣服，一边听护士大妈说，按表格计算，小乖现在体重偏轻，我们的喂养方法可能出了些问题。

"你是纯母乳喂养吗？"护士大妈问。"不是，一半母乳一半配方奶，每三小时 30 毫升。"我万份愧疚地不敢看护士大妈，恨不能立即化身成一头大奶牛来表达我的美好愿望。

护士大妈果断地摇摇头："30 毫升太少了，她一顿可以吃到 45～60 毫升。"这也太多了吧？小乖来到这个世界上的第一顿饭，只有 20 毫升，然后她就……睡着了！护士大妈认为这不是真实情况的反映："宝宝怎么可能不想吃？她每次都没吃饱呢。吃奶的时候，不要给她穿太多衣服。"

我最担心的还是小乖会不会因此而感冒，护士大妈很干脆地说"不会"。宝宝的手冷脚冷是正常的，只要他的胸口是热的就没关系。感冒的主要病因是有病菌传染，所以只要出入房间的人不带病菌，宝宝并不像我们想的那么容易感冒。

这和我脑子里的常识比起来，很具有颠覆性。

"你还可以给她喝凉奶。"护士大妈又扔给我一个大炸弹。她建议我把奶从冰箱里拿出来放在温水里，缓到室温就可以了。但一定不能用微波炉加热，也不能直接加热。尽管我确实听说过很多家长，包括在这里居住的华人，在宝宝大一点之后，甚至会直接给他们喝冰奶，我仍然觉得无法接受。让这么小的宝宝喝凉奶，他拉肚子咋办？

护士大妈说着递过来一堆印好的表格，上面有时间、吃奶的数量、嘘嘘（小便）的次数、噗噗（大便）的次数等，让我们认真填写这两天宝宝的情况，下次见面带来给她看。她严厉地看着我们，说："我很理解你们是新手爸爸妈妈，没有经验。那么你们就应该学会记录宝宝的各种情况。不然你们怎么能了解宝宝的真实情况呢？两天之后，你们还要来复诊，届时她的体重必须达标。"在护士大妈审视的目光中，我们灰溜溜地拎着小乖，仓皇而去。

少穿衣服多吃奶
——我们需要重新认识宝宝

少穿衣服之后，小乖吃奶明显积极了一点，但是如果她停下来不吃了，我们也不敢再继续喂了，怕把她的小胃口给撑坏了。

两天很快就过去了，我们提着篮子，装上小乖，直奔母婴诊所。这次秤下来, 2520 克。护士大妈皱着眉头看记录:"她现在一天吃 400 毫升?"按要求宝宝出生后的一周里,应该每天吃 480 毫升的奶。我赶紧多说了点,把 45 毫升说成 50 毫升,一天 6 次说成一天 8 次。差点就差点吧,总比差太远好吧?

结果护士大妈一点也不买账,说小乖每次吃的奶量还是太少了。我眼前金光一闪——我们的谨慎喂养和护士大妈的指导思想再次撞击出了新的火花。

"真的很怕把她撑坏了。"我们一起看了看怀里比一只小猫大不了多少的小乖。"不会啦。"护士顺手打开一瓶罐装奶,开始喂小乖。我眼睁睁地看着这个小家伙居然在护士大妈的怀里安安静静地又吃掉了至少 60 毫升的奶。

护士大妈又给了几张记录纸,查查日历,让我们这个礼拜天再来。算上今天,离礼拜天还有四天。也许还有机会。出门的时候,正好隔壁办公室的一个护士带着一个洋宝宝出来称体重。我偷眼一看,红字毫无争议地停在了 3120 克上。

一回到家,我们就决定这四天里完全彻底地贯彻老外的理论,每次喂奶,小乖穿着单衣,光着头光着脚躺在那儿。要是她不吃,就把奶嘴堵在她嘴里,左右动动或者往外拔拔,直到她继续吃。

礼拜三一天下来,数数表上记录下来的吃奶量,直奔 480 毫升。礼拜四一早,电话又来了,复诊改到礼拜五了。就指望这一天了。没办法,拼了!我放下电话,抓起奶瓶,抱着小乖,脱,灌!

小乖爹安慰我，反正我们尽力了，要是礼拜五护士大妈还是说不行，就让他们自己看着办吧。我当然知道他只是说说而已，就算真到了要和护士大妈争论这个问题的时候，也一定是我这个"粗人"一马当先。小乖爹？人家是读书人！

礼拜五，"三进宫"。随着红字定格在 2580 克，三个人都松了一口气。护士大妈露出了由衷的笑容，半开玩笑地说："不错不错，终于达标了。你看，宝宝既没感冒也没撑坏吧？如果这次再不过，我就该考虑是不是要报警了，送你们这两个不负责任的父母进监狱去。"

送我们到门口的时候，护士大妈居然给了我一个大拥抱："我会一直为你和你的宝宝祈祷的，你们会很好的。""谢谢。"我使劲回抱了她。

我很感激护士大妈那么认真负责地给小乖复诊，这样的态度是一种对宝宝基本健康的重视，也同时让我从一开始就懂得：宝宝们有着超出我们想象的适应能力，比如他们并不那么怕冷，比如他们比我们想象得能吃。

这和老外提倡的基础育儿理论是一致的：宝宝们并不像我们想得那么娇嫩，我们应该多注意的不是怎样让他们变得娇嫩起来，而是多给他们机会，让他们可以更健康地成长。

小乖妈碎碎念

初为人父母，我们按照长辈的建议安排小乖穿什么、吃什么。然而，她出生后第一个礼拜的复检却给我们带来了麻烦。

经验丰富的护士大妈让我们在短短几天的"集中喂养"中了解了很多我们并不知道的事实，比如宝宝并不像我们想象得那么娇嫩。在宝宝感到舒服的环境中，她也会比我们想象的能吃。作为父母，明白宝宝在什么情况下容易感冒，才不会盲目地把宝宝包裹得那么严实，并且才能去争取用正确的措施避免感冒的发生。

复检结束时，小乖的体重终于达标了。而我们这才明白，这个只会哭的小家伙到底想要什么。我们有时为她做的事情都是想当然的，只有明白她的心意，她才会真的快乐。

第二节
中西结合的喂养方式

特殊情况特殊对待

本着实事求是的精神，以下是我对小乖相貌的客观描述：长得非常非常白，有两个甜蜜的小酒窝，鼻子一般般，眼睛不算小，嘴巴不算大。前三样都是拜她爹所赐，后两样来自我的基因。看来聪明的小乖比较有"重点"地继承了我们俩的优点。特别是"白"这一项，以至于曾有不少陌生人以为她是个混血儿。我学给她那中国"原装出口"的爹听，本来以为小乖爹会不太爽，结果人家挺高兴，还半开玩笑地问我："那我回国岂不是还要装老外？"

小乖爹这辈子是不可能变老外了，可小乖从一生下来，就注定是个小"Banana"（香蕉，取义外黄内白，在英语里是对完全西化的黄种人的戏称）。考虑到她的华裔血统和未来她要融入的西式生活，"中西结合"的喂养办法还是比较合适的。

在小乖六个月以前，医生就跟我们说，从冰箱拿出来的奶，

126

人儿小，胃口大。

在热水里缓到室温就可以喝了。等三四岁的时候，给她直接喝冰奶也不会有问题。我们忙着点头，从诊所出来了，照样把奶热到略高于室温，直到六个月以后，才正式给她喝常温的奶。

之前我的确"大肆鼓吹"不要把宝宝太当回事，但前提是保留我个人对生冷食物的成见。闺蜜说我这纯属无用功。在大环境的影响下，小乖终有一日还是会像老外一样，常年四季喝着凉水，也不觉得冬天里吃冰激凌是一件多么需要考虑的事。可我总坚持，就算喂养小乖的大方针是以使她更适应将来的生活环境为主旨，具体的一些小细节上，中国的传统也并不是全无道理的。

介绍固体食物给宝宝

六个月之后，小乖开始吃固体食物了。这是加拿大《育儿手册》上统一给出的最佳时间。加拿大营养师们写这个小册子的同时，也提到因风俗、传统的不同，有很多国家给宝宝吃固体食物的时间早至两个月，晚至一岁。

之所以仍然提出六个月的时候最适当，是因为他们认为吃固体食物太早，宝宝的消化力比较差，不仅会因此加重消化系统和肾脏的负担，容易不小心噎到，导致食物过敏，还会耽误从奶里吸收营养；而太晚的话，宝宝也许就错过了较快接受固体食物的时机，这个时候他正好需要多吸收铁质，这对发育显然是不利的。

果真四个月的时候，就有国内的妈妈告诉我可以给小乖吃固体食物了，至少软面条和稀米粥应该能吃一点了。然而，"头胎照书养"的古训此时又占据了我的大脑。我还是根据手里的那本小册子，坚持等到了小乖六个月。只不过，中国古训教诲我遵循的"此书"变成了用全英文写成的。

给宝宝养成吃饭的好习惯

在将要可以吃固体食物之前的那段时间里，小乖每天可怜巴巴地坐在姥姥怀里，盯着我们把那些在她看起来无比美味的东西放进嘴里，一副很着急的样子，同时开始大吃自己的手指。这是她有了参与感的一种表现，说明她做好准备要和大人一起吃饭了。

第七个月开始，我们把小乖的位置正式安排在一把小椅子上，让她和我们一起坐在饭桌边。这也是为了让小乖养成好习惯：吃饭就一心一意地吃，不要分神去看电视或者玩别的东西，她自己吸收不好营养，弄得大人们也很累。现在就要趁小乖小，给她立规矩。以后长大了，可以满地乱跑了，难不成我们还追着她喂？这绝对是个坏习惯。

好在这个家伙对吃的东西基本"来者不拒"。吃着我们喂的，还兴奋地尝试着把东西抓到手里"把玩"。七个月的小乖一门心思地模仿着大人吃饭，却还只是处于"照猫画虎"的阶段。一旦饱了，她就会坚决把嘴闭上，把头扭到一边去。

于是吃完饭，小乖的小椅子周围一定都是各种她吃进去，不喜欢然后吐出来的东西；也有的是她很想吃，但是还没办法真正咀嚼好的东西，比如我们很早就开始给她吃的玉米和黄瓜。尽管收拾起来很辛苦，我们还是纵容小乖"自食其力"，因为这是她的乐趣。不管吃掉，还是"把玩"，对这么大的宝宝吃饭，最好本着"重在参与"的原则，让他对食物有兴趣，以后才有可能避免挑食。

隔三岔五，我们会引入一种新的蔬菜或水果给她尝尝。对那些一开始她没兴趣的食物，也不会就放任她不吃了。过几天，我们装做若无其事照样拿给她吃。一样食物，小乖可能要试很多次。第一次不吃，不等于她就拒绝了这种食物。不要强迫她，但是也不要轻易就放弃，从而养成了她挑食的习惯。吸收营养不全面，宝宝怎么能真的健康呢？

如果某种食品，小乖试了很多次，就是不爱吃，那我们还有机会把食材剁碎了，和很多东西拌成馅，让她在尝不出来的情况下吃掉，也算成功。

刚开始的一个月，小乖吃得最多就是鸡蛋黄、加强铁质的米粉，还有很细的清蒸鱼肉，其他的食物我们到九个月之后才给她吃的。每天我们自己还用打浆机把新鲜的水果或蔬菜打成浆状的水果蔬菜泥，作为小乖的辅食。

老中缺钙，老外缺铁吗

说到加强铁质的米粉，我发现一个很有趣的现象。国内所有的婴儿食品，头一条一定是和补钙挂上钩的。加拿大却是从奶粉到米粉，补充铁质是重中之重。宝宝喂养的文章书籍里，必有一章要说明铁质是多么的必不可少，否则会给宝宝的未来带来多少不利因素，所以至少应该从六个月补到两岁。这和国内的婴儿食品动不动就来一句"不要让您的孩子输在起跑线上"简直如出一辙。

我不能让小乖因为缺钙而"输在起跑线上"，也绝不能容忍我的女儿因为缺铁而变得易怒、挑食，最后发育迟缓，长得瘦瘦小小。其实生活中宝宝吃的能补铁补钙的东西就来自于我们吃的普通食品，而且都不是什么稀罕的"紧缺物资"。

六个月之前的宝宝还带着从母体里得到的铁，如果同时喝母乳，不会缺钙。六个月之后宝宝吃的奶制品、豆制品和一些蔬菜就可以补钙，而吃鱼、肉、蛋黄、谷类食品则可以补铁。营养全面的奶粉更是必须两者兼备。

两个国家对铁和钙的重视程度之所以如此不同，从我在两边生活时，不同的食谱看来，这和我们平时常吃的东西应该是有一定关系的。

老外的日常生活中，各种奶酪、酸奶等含钙量相当高的奶制品是必备的。各种豆类，花椰菜，西式南瓜（和我们平时吃的南瓜不一样），直到盛产的三文鱼都含有丰富的钙，而这些食品在我们的餐桌上不太常见。反过来，我们每餐必吃的粮食，变着花样吃的各种肉禽蛋类，都含有大量的铁，却也未必就是老外的首选。无论是补铁补钙，老外医生很少推崇让宝宝额外吃任何营养品，而主张从天然食品中摄取这些营养。除了维生素D滴液，医生从来没向我推荐过任何这方面的药品。

很多细心的妈妈看到我在博客里放的照片，小乖的后脑勺上也有一小圈没长头发，纷纷好心地告诉我，小乖可能缺钙。妈妈们的好意我心领了，殊不知，这件事已经被周医生"盖棺论定"了。

每次去看周医生，他都不是很明白我为什么老是担心小乖缺钙。"她这儿没长头发……"我小心翼翼地指指小乖的小脑袋。周医生凑近了，扶扶眼镜，点点头："嗯，是有点没长好。"我等他往下说，他却满腹狐疑地看着我："这怎样呢？"

"那她会不会缺钙呢？"我觉得医生不会连这么个全中国人民都知道的常识都不了解吧。"没有，那不会，她很好。"周医生立即摇头，随后他很快便指出小乖长牙的时间非常正常，既然晚上也从不无缘无故大哭大闹，仅凭枕秃是说明不了任何问题的。判断宝宝是否缺钙，要全面去看，而不是当某一个症状符合，就随便下定论。

在宝宝是不是缺乏营养这个问题上，国内的家长显得太敏感了。妈妈们在网上大聊给宝宝买了什么补品，从牛初乳到 DHA，甚至有的宝宝什么都不缺，也一定要吃点什么，妈妈们才觉得对得起自己的宝宝。这么做出发点固然都是为宝宝好，心情可以理解，然而任何事物都是过犹不及。

从没吃过任何补品的小乖能长得比同龄的孩子都壮，和她不挑食，吸收好是有很大关系的。日常生活里，蔬菜水果，面包面条，肉末稀饭，基本上我们吃什么，小乖就吃什么。避免不了的过咸过辣的菜，我们会用开水涮涮再给她吃。

可能引起过敏的食物

小乖对任何食品都不过敏。只是为了食品的安全健康考虑，她的菜谱里，没有甜品，没有坚果，没有任何非天然饮品。喝水，她也像大人一样直接从杯子里喝。因为，有时含果肉的果汁在吮吸过程中反而可能噎到宝宝。

如果宝宝对某些食品过敏，自然就会影响营养的摄取。担心这件事的妈妈，特别是有过敏家族史的应该更加注意，宝宝的食品要好好筛选一下。比如坚果，鱼虾之类的海产品和蛋清都是比较容易引起过敏的食物，妈妈们应该等宝宝大一点再给他们尝试。

看着小乖每天都快乐地享用着她的食物，这真是个让人感到幸福的成长过程。网上也有很多妈妈问过我，小乖为什么能喂得这么健康可爱？我告诉她们这一点都不难，记得让宝宝吃最新鲜最自然的食品，养成吃饭的好习惯，吸收好，营养均衡，这是任何补品都无法比拟的。

小乖妈碎碎念

中国宝宝在外国长大，对小乖的喂养方式，我选择了中西结合。

按照加拿大《育儿手册》上提供的不同时间，我给小乖吃不同的固体食物。想让宝宝养成吃饭的好习惯，不挑食，就要知道她每段时间对食物的兴趣点在哪里。当她不喜欢一种食物，放任自由显然不是正确的办法，借鉴好的方法，最终能让她接受所有的健康食物才应该是家长的最终目标。

缺钙成了中国妈妈们的一块心病，不管是不是真的缺都会补。同样强调宝宝不能缺铁的老外却并没有推出什么专门补铁的儿童营养品。其实只要妈妈们选对宝宝的食谱，铁和钙就在每天吃的食物里。

第三节
为宝宝挑选小衣服

当妈之前，就听说过"女人和孩子的银子最好赚"。当妈之后，更是不得不感叹这句话是真理。

婚前以及婚后没生孩子的日子里，我把自己赚的大部分和小乖爹赚的小部分银子理所当然地都"投资"到了自己身上。从衣服、鞋子、护肤品，到发圈、袜子、瑜伽垫，市场上千千万万种商品里，有多少和女人的时尚健康生活挂了钩，我就买过多少种。有了小乖之后，我便自觉自愿地放弃了大部分"置装费"，立即建立了"小乖专属用品购买基金"，专款专用。

或许是小巧让婴儿用品看起来精美，或许是婴儿服装设计散发出的稚气勾起了我们美好的回忆，更或许是这些物品里包含着实用的构思，使本是婴儿专属的商品逐渐成了一块巨大的吸铁石，对时常逛街，几十年如一日地流连于服装柜台的我产生了强大的吸引力。

首当其冲的当然就是衣服，小女孩的衣服更是我的大爱。

很多年前，我就曾"预言"过生女儿的无数好处之一：可以拼命地给她买好多好看的小衣服，把她打扮成我心目中最可爱最有气质最甜美无敌的小公主。这与其说是生女儿的一个好处，不如说是我当妈妈的一个乐趣。而更有明眼人——小乖爹立即看出，这与其说是当妈的一种乐趣，不如说是我作为一个败家达人的"移情大法"。

总之，我们像所有的家长一样，开始给小乖买东西，掏银子掏得心甘情愿。

小乖爹"肤浅"地认为，婴儿服装的实用价值是有限的，而且往往性价比很低。同样的衣服，鞋子比大人用的不知道小上多少号，节省了大于一半的材料，价格却永远不是按比例递减的。遇到好的婴儿服装，比大人用的还贵也不是什么稀罕事儿。

在我买各种各样于小乖爹看来，有用但更多也许没什么大用的婴儿服装的同时，小乖爹更钟意的是婴儿专用用品那一块。达成一致的最简单办法就是，他买他的，我买我的。我只是用我的实际行动向他证明：婴儿服装是有他这等总认为"衣，无他，可掩体足矣"的肤浅之人不懂的大学问。

从知道怀孕的第一天起，我就开始到处逛婴儿服装店。一边一心一意看女宝宝的衣服，一边我还是不可免俗地会问小乖爹一个问题："你希望他是个男宝宝还是个女宝宝啊？"小乖爹如我所料，同样不可免俗地笑眯眯地说："都好都好。"

什么叫"都好都好"？这和没意见有什么两样？我对这

个答案相当不满意。据我冷眼观察了这么久所得出的结论：当老公们说"都好都好"的时候，他们狭隘的内心深处"都好都好"就是"最好他是个男宝宝吧"的潜台词。

我从来不像某爹那么"虚伪"，我真心诚意地希望小乖是个小公

公主范儿的气质型小萝莉

主。我也从来没怀疑过这点。那天做完 B 超，医生看看我，问："你希望是男孩还是女孩？""女孩。"我脱口而出。医生转头去看小乖爹："你呢？中国人不喜欢男孩吗？"小乖爹还是笑眯眯地说："都好都好。"医生才正式向我们确认，小乖确实是个小公主。

旧衣服能让宝宝更舒服

这之后，我便毫无后顾之忧地，全心全意投入到为小乖挖掘漂亮衣服的前期工作中。一旦进入了婴儿服装的世界，数以千计的设计和色彩搭配，简直让我眼花缭乱。每天都在幻想小乖穿上浅色连衣裙会有多么可爱，换上深色小礼服有

多么正式。难怪姥爷姥姥天天在耳边提醒，我给小乖买下的衣服应该够一个幼儿园的小朋友穿了。

每个妈妈都懂得小小的精致的婴儿套装有着何等神奇的魅力，让我们为之疯狂。然而"疯狂"过后，该如何理智地挑选宝宝的小衣服呢？参照一下我给小乖买东西的经历，我终于悟到：在宝宝还没出生的时候，就恨不能把她第一年要用的所有东西，特别是衣服都买回来，并不明智。

小乖没出生的时候，幸福的姥姥和奶奶把头两年四季的衣服都买好了，我还从朋友们那里搜罗来他们宝宝穿过的旧衣服。衣服都是越洗越软的，而越软的衣服就越能让宝宝娇嫩的肌肤感觉舒适。比起崭新的衣服，干净的旧衣服宝宝穿了会更舒服。朋友里不乏贤惠勤快的妈妈们，一件小衣服稍微沾上点污渍便立即清洗。所以送来的小衣服，虽然名义上是穿过的，其实除了料子变得相当柔软之外，与新衣服完全没有两样。

小乖后来还是陆陆续续添了不少衣服。结果等到回国前，收拾行李的时候，发现有的衣服她都没穿几次。

不按日历长大的宝宝

后来我总结了一下：有的衣服买得太早，不符合宝宝实际的生长状况；有的买的时候，没有意识到衣服设计的不合理性，不能让宝宝时刻处于舒适的状态。除非宝宝出生在一个知名度非常高的家庭，随时随刻有可能被星爸星妈带出门，否则再多正式的衣服对宝宝来说，都是多余。

宝宝在第一年的每个月里，总会给我们意外的惊喜。婴儿服装号码的月份是定好的，宝宝长大的月份却是跳跃的。头一个月来得及给她买下个月的衣服。换季的时候，妈妈们更要好好算算，以免造成不必要的浪费。

加拿大的婴儿装和国内差不多，是按月份标的，比如0～3个月、3～6个月。这种尺寸标准一般不会有太多偏差。有时宝宝会由于生长速度超出了我们的预期而使预备好的衣服错过了某个季节，对小乖这样"后发制人"的宝宝就更是如此。

按小乖出生时的体重，谁也不会想到她满月之后，会按其他足月宝宝们成长至少一倍半的速度增长。闺蜜那时买了一件相当漂亮的名牌小羽绒服给小乖，上面写着适合3～6个月的宝宝穿。虽然时间也不算太宽裕，总想无论如何她穿一个冬天还是没问题的。到了该穿的时候，才四个月的小乖已经需要穿6～9个月的衣服了。有时想推小乖出去散步，勉强把她塞进羽绒服，她都一副很委屈的样子。想去再买一件，又觉得大冬天的，也不是天天出去，新的穿不了两个月就又没用了。就这样将就了一个冬天。

要给宝宝挑既漂亮又实用的衣服

买宝宝衣服的时候要注意设计的合理性：是不是方便给

宝宝换尿布？是不是能时时刻刻保护住宝宝的小肚子？在穿脱时，是不是方便了爸爸妈妈，也不让宝宝受罪？漂亮的衣服往往特别能吸引妈妈们的眼球，妈妈们在沉醉于设想宝宝穿上这设计感颇强的衣服后，变得有多洋气的同时，也许却买了一件宝宝一点都不爱穿的衣服。妈妈们要知道宝宝是不会在意我们的审美观如何的，对他们来说，舒适才是最重要的。漂亮的婴儿服装到处都是，不要只为了好看就放弃了对舒适感的考虑。

　　加拿大的婴儿装很多是连体衣。有一种设计是从领口开始一路往下，都是按扣，顺着裤腿直到脚部，这样穿脱比较方便。有的连体衣还会连上袜套，袖口的地方也连一块可以翻起来包住宝宝小手的布，防止他无意识地乱抓。

　　连体内衣分套头和按扣两种。套头的连体衣比较适合天冷的时候穿，只需要把下面的扣子打开就可以给宝宝换尿布了。宝宝刚出生的那几个月简直是柔弱无骨，是他最听我们摆弄却也是最要小心的时候。为了避免伤害到这个完全不能自控的小家伙，衣服都最好是能迅速打开或者系上。其他的花哨设计都不

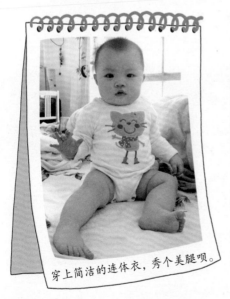
穿上简洁的连体衣，秀个美腿呗。

实用，宝宝会因为你花太多时间帮他穿衣服而感冒的。和两截式的小衣服相比，连体衣更能达到简洁实用的要求。

连体衣的缺点是太小的宝宝穿起来有点麻烦：一边让他的小脑袋从衣领的小洞里钻出来，一边要护好他软软的脖子，做起来比我说的要难很多。因此最好买肩上有调节按扣的。每次看到小乖被衣服蒙着头，气愤地纠结于如何摆脱困境，我深切地认识到这个设计的重要性。天暖和一点的时候，连体衣就可以考虑买从上到下都是按扣的，穿脱方便。

我还听从闺蜜的建议：在小乖一岁前不买带拉链的连体内衣，因为有可能夹到她；不买有大片蕾丝边的衣服，怕她的手指被意外挂住；不买料子比较挺，上身却没有衬里的裙子，因为会磨得皮肤不舒服；不买为了显得有范儿，而缝上了衬里的蓬蓬裙，因为对她这么小的宝宝，衬裙不透气。

每次去逛童装店的时候，看着立在那里的小小模特身上的各种搭配好的衬衫、外套、短裙外加一双精巧的小鞋，我恨不能立即买下来，套到几个月的小乖身上去。然而冷静下来想想，这实际吗？真的不需要给一岁之前的宝宝买太多正式的衣服。

几个月的宝宝根本无法站起来，每天要么蜷在妈妈温暖的怀抱里，要么躺在婴儿车里，好看的袜子可以准备几双，而鞋子就算是软底的也往往因为偏大而经常掉。而且，宝宝在半岁之前能出去的次数也屈指可数，等真的可以推出去的时候，穿得暖和，别冻感冒了是第一位的。在层层包裹后，她里面穿得再时尚，也没人看得出来了。

更何况，做工考究的衣服一般都是按大人的标准缩小很多倍做出来的。小乖收到的好几件崭新的精美套装，都是细细的袖管，瘦瘦的裤腿，繁密的扣子。小乖穿上它们老是扭来扭去，觉得限制到她的活动自由了。再等等，没穿几次就小了。

当然，一定有认为"只要银子是花在孩子身上了怎么都值"的妈妈，那我只能自叹弗如。足不出户的宝宝穿得舒服就好。钱以后有的是需要花在他身上的地方，和买衣服相比，那时再贵也不能嫌多。想明白了之后，再进童装店，尽管我还是会被做工考究、颜色漂亮的婴儿装所诱惑，但仅限于欣赏，银子是一定要守住的。

至于所有热心于为小乖奉上精美衣物的，小乖亲爱的叔叔阿姨们，我很现实地通知他们：衣服就不必了。特别有诚意的，折现就好。

小乖妈碎碎念

作为一个小女孩的妈妈，我很理解给宝宝买漂亮的小衣服是每个妈妈的愿望，但挑到合适的小衣服却并不是妈妈们的审美观就能解决的问题。

根据我自己的经验，我认为妈妈们给宝宝买衣服最容易陷入的几大误区如下：

1. 新衣服永远是首选。

其实没有必要，旧衣服会让宝宝更舒服。

2. 提前把每个季节的衣服都给宝宝买好。

这也没必要，宝宝成长的速度有时会超乎我们的想象。

3. 衣服好看最重要。

宝宝的衣服设计是很需要合理性的，只有注意细节，才能挑到最适用的衣服。

第四节
宝宝的安全措施

当我读到有关杭州勇接坠楼宝宝的"最美妈妈"报道时，深深为这位母亲的勇敢所感动。同时忍不住暗想，姥爷姥姥应该很庆幸我小时候居然没发生过坠楼这种事情，虽然我家那时住的只是二楼。

时时刻刻知道宝宝在哪里

姥爷和姥姥年轻的时候，都是大学里的骨干教师。一到上班时间，就必然把年幼的我独自锁在家里。如果晚上也排了课，就把我先哄睡再出门，半夜三更才回来。半途我醒了，屋子里黑黑的，我害怕得不敢再闭上眼，只能趴在窗口，盯着昏黄的路灯下没有人来人往的寂寞路口，拼命地哭，哭到精疲力尽才又昏昏沉沉睡了过去。

其实那个时候也不过就是晚上的八九点钟，可对一个孩子来说，那就是看不到尽头的漫漫长夜。忙于工作的姥爷和姥姥更忽略了这种情况下，我发生意外的一切可能。侥幸的是直到今天，什么都还没发生过。

转眼间，我的生活重心从中国转到了加拿大，再次遭遇"独自在家"这个问题的时候，我已经从孩子变成了孩子妈妈，看待问题的角度自然也随之转变，由孩子是不是感到害怕变成了孩子是不是安全。

在加拿大生活的这些年中，逐渐积累的安全意识在这次怀孕中更加明确起来。每次小乖爹带我去看医生，不认识我们的值班护士一定都要问小乖是第几胎。我开始一直理解为，这是个和身体状态有关系的问题。

直到产后有次小乖爹带我半夜去看急诊，我才明白是怎么回事。刚躺上床，护士就问我们有没有孩子。我说有，刚生。她马上脸色大变："孩子呢？""在家啊。"我和小乖爹被吓了一跳，怕她说小乖也要抱来检查。"就她一个人？"护士和我们一样紧张。"不不不，"我们这才反应过来，"她姥爷和姥姥在家呢。"

护士松了口气，顺便跟我们强调，把孩子一个人留在家里有多么危险。她刚走，小乖爹立即撇嘴："她不知道我们小时候都是这么过来的吧。"

的确，被忙于工作的父母单独锁在家里的惨痛记忆在我们的童年时代是很平常的。当年父母对工作尽职尽责固然无可厚非，然而，越来越多的新闻报道也让我们不得不面对一个残酷的事实：现在有很多孩子受到意外伤害，确实是父母的疏忽造成的。

尤其是小宝宝，对很多危险行为是没有任何意识的。在任何他能自由活动的地方，分分秒秒都不该让他一个人呆着。不能想当然，认为宝宝还太小，他不会这样不会那样。总有出乎意料的情况发生。正是因为宝宝还小，他脆弱的生命才需要在我们无微不至的关注下得到呵护。

想到家里所有的不安全因素

无法分身全心全意照看宝宝的时刻也同样困扰着老外的家长们，由此创造的商机在国外便层出不穷。一进到商场的婴儿用品部，婴儿专用防护产品琳琅满目。在如何保证婴儿安全这方面，一向在我心目中粗枝大叶的老外们显得心思非常细腻：

为防止宝宝被开关夹到手，从门把手到马桶盖都能用各种各样的夹子关好；怕宝宝会从高处跌落，从儿童床到每扇孩子够得着的窗户，用不同尺寸和材质的栏杆围起来；为隔离可能存在的不安全因素，插座，桌角，甚至浴缸里的水龙头也被形形色色的封套包起来。

看似极其平常，却有很高的实用价值的防护产品不胜枚举，还有好多我没想到的方面：怕有的家具不够稳，可能会在碰撞中倒下来砸到宝宝，设计师专门设计了一种钩子，把家具"钩"在墙上；封住固定的插座还不够，接线板的危险还来自于使用中的插头也有可能被好奇的宝宝拔下来，因此用一种封套把整个接线板都包起来。

这些商品大都既不影响美观，也不影响家长们的使用方便。有的还会被故意设计成卡通动物的形状，讨得宝宝们的欢心。

应对家里所有的不安全因素

那些连宝宝在围栏圈好的地板上玩都觉得不放心，又确实没时间抱宝宝的妈妈可以买一个蹦蹦床。蹦蹦床看起来和婴儿床一样，周围用软网代替了木栅栏，床底有弹性，可以在里面放玩具。宝宝能坐着自己玩，也能尽情弹跳，跌倒也不会受伤。在形式上，蹦蹦床缩小了宝宝的活动范围，却并不会让宝宝感到乏味。妈妈们遇到手忙脚乱的事，把宝宝往蹦蹦床里一放，就可以安心地去忙一会儿自己的事了。

蹦蹦床的功效听起来似乎有点像学步车，但老外并不认同学步车。学步车在没有方向的快速滑动中，有可能会撞上任何东西，让宝宝受到伤害。他们的商场里有一种看起来很像学步车的玩具，四面也都有各种可供宝宝站在中间玩的项目，但是是固定在地面的。

而在宝宝学走路的时候，腿还没有强壮到真正迈稳步子，与其把他放在学步车里自由发展，不如手把手地教更符合需要。

这一类型的防护商品的目的是帮妈妈们把监控范围变小，但绝不是完全撒手不管。实际上，每一种防护商品的说明书上会共同附一句：产品帮助家长们给宝宝一个安全的环境，但绝没有一件事情是完全不可能发生的。本着这种态度，家长们买防护产品才有意义。

我很佩服老外这种极强的安全意识。他们对"安全"这两个字的理解实在是很符合中文对"安"和"全"的解释——平安来自于周全的安排。

保证宝宝坐车的出行安全

老外们的周全安排里也没漏了宝宝出行这一环节。从小乖出生的第一天起，直到 13 岁，她在车上的座位都相当于被指定好了。这期间，她共需要换三种不同的安全椅，13 岁之后才能坐到副驾驶的位置上。同时体重和身高也要作为衡量她该在什么时间坐什么样的位置的标准。

安全椅不仅必须结实，而且都贴有使用期限，几年后，不管保养状态好坏，都必须报废。规定之具体，难以细述，而且都是强制性的。这样，连临时遇到带宝宝走路的朋友，载人家一程这种国内常做的好事也没法做了。除非车上恰好有适合这个宝宝年龄段的安全椅，否则属于交通违规，会被罚款的。

老外们想出这么多繁复的条例显然不是全为赚安全椅的

小乖的"宝座"

钱，也是为了确保更多的宝宝在行车途中的安全。车上的安全带只是按大人的身形做的，并没有为宝宝量身定做。小宝宝一般是被大人抱着的；大一点的宝宝虽然可以一个人坐在位置上了，但安全带的尺寸太大，形同虚设。安全椅的存在就是为了更方便并舒适地固定好宝宝。

小乖在八个月之前，一直都是脸朝后坐在她这个阶段的安全椅里，这样坐可以最大程度地减少冲击力。她的安全椅被她爹安在驾驶座后方的位置上，因为加拿大的警察局发布的资料显示，这个位置是全车最安全的地方。

回国后，每当看到有人抱着小宝宝或者大宝宝一个人直接坐在副驾驶的位置上，有的甚至连系安全带都省了，我都会捏把冷汗。就算安全椅在国内不是强制安装，这些"坐"法还是非常不安全的。

保证宝宝不坐汽车时的出行安全

不坐车的时候，我们就使用专门的背宝宝的背带。走长路的时候，把小乖放在里面，背带就能分担重量，不会因为要长时间地抱着小乖而感到疲惫，小乖也能很舒适地贴在我们怀里。

可惜我和小乖爹却只用了两次这种背带，主要是买的时候有几个问题没考虑到。这种背带最多能用到宝宝长到20斤左右。也就是说，从宝宝可以被爸爸妈妈带出门开始，直到她的重量达到背带负重的上限，这段时间最好都是不冷不热的天气——天气冷，怕宝宝冻着，用背带带他出门的机会并不多；温度较高的天气里，宝宝和我们都会觉得热，大家都不舒服。我和小乖爹忽略了这个问题，导致这个背带的使用频率并不高。另外，买背带的时候一定要挑那种有腰带的。负重的时候，腰上有支撑力，才能持久。只靠两根肩带的背带坚持不了多久就会把肩膀勒得很痛，非常不好用。

相比之下，婴儿车对帮着带宝宝的老人们自然更方便。挑婴儿车的时候，它的自重是一个值得重视的问题。我个人的感觉是，8千克是上限。买的时候，首先要试试车好不好折叠；其次用一只手提提看，太重的话，恐怕就不太方便了。

自重太重的婴儿车，在放上了宝宝之后，需要被抬上搬下的时候就会变得无比笨重。特别是国内现在很多地方都没

第四章　养小乖也要入乡随俗

设婴儿车专门通道，我就经常不得不把小乖从婴儿车里抱出来，再想办法把车拎下去。这种情况下，婴儿车还是轻一点更方便。

试推婴儿车的时候，最好能把宝宝放在上面再试。空的婴儿车基本上都不会难推，放了宝宝之后，就很难说了。要放了重物后，还好推才是真的好推。根据我的经验，一辆不好推的婴儿车带来的烦恼，会让你带宝宝出门的心情大打折扣。

不过，就算是我推了一辆很好用的婴儿车出门，有时也同样会遇到恼火的事：绿地很难找，超市人太多，公交车拥挤。如果没地方走，有这婴儿车岂不是徒增了许多烦恼？因此，我想这才是想买婴儿车的妈妈们最需要考虑的问题：你到底有多少机会真正需要推婴儿车呢？

也许我们还不需要像老外那样，怕有人被鱼刺卡住，而在商场里只卖鱼排不卖整鱼，但我们所欠缺的安全意识也必须日渐加强。否则，就像我们在车上装了安全椅，却不用安全带；推着婴儿车上街，其结果只是给自己带来更多的不便。安全不只是看我们使用的商品，更多的时候，是我们脑子里有没有这个自觉的意识。

小乖妈碎碎念

　　保证宝宝的安全是父母的职责所在。不管在什么地方，父母都应该考虑到可能存在的危险因素。在我心目中一直懒散的老外在这个问题上显示出的谨慎和重视，值得我们学习。

　　老外推出各种各样的保证宝宝安全的大小产品，有我们想到的，也有没想到的。除了感慨他们对安全问题的高度重视外，更要真正了解这其中的不安全因素，才能最大程度上避免危险的发生。

　　在照顾宝宝出行这个环节上，我发现国内的很多家长并没有给予足够的重视。不仅在汽车里，什么样的座位对宝宝最安全是需要家长重视的，平时出行时，挑选一辆方便的婴儿车或者背宝宝的背带，也是值得我们这些家长好好考虑的。

第五节
宝宝的卫生措施

宝宝和宠物如何共处

话说，小乖还有个"猫哥"——名唤小宝，是被我们收养的。这可是个精力旺盛，专门调皮捣蛋的家伙。后来小宝被送去奶奶家，受到百般呵护。奶奶还会定期发照片给我们看，并附上说明："小宝又长胖了……""小宝很喜欢和家里的小鸟玩……""小宝趁我们不在家的时候，把小鸟抓死了……"

一晃几个春秋过去了。如今小宝脑满肠肥，日渐发福。捣乱的心思是没了，还会经常陪着奶奶坐在阳台上赏花观景。我和小乖爹时常看着照片感叹光阴似箭、岁月如梭，"我们亲爱的猫儿子终于长大了"。

这次带了小乖万里迢迢回到奶奶家，却谁知"猫虎能否共处一室"（小乖属虎）演变成了——宠物和宝宝能不能亲密接触？第二天，在一群大人的围观下，小乖在客厅里的地上爬来爬去。只见她抬起手，兴奋地指着前方"呜呜"大叫，大家一转头才赫然发现，被她指着的"猫哥"小宝，早已虎视眈眈，弓背做警觉状。我这才想到，小宝应该是把小乖当成争宠的同类了。

在这点上，小乖也确有嫌疑。可惜连一向疼爱小宝的奶奶这次也毫不留情地拍了拍它的小猫头，让它安分点。面临失宠的小宝留给我们一个悲伤的背影后，消失了两天。而"新宠"小乖的代价是，没事儿就不要在地上活动筋骨了。

讨论了半天，大家达成共识：宝宝和宠物应该尽量避免共处。然而，老外的观念里，始终认为：条件适当的情况下，宝宝和宠物是可以和平共处的。晴朗的天气里，妈妈推着宝宝出来散步，大狗狗跟在后面。这一好莱坞电影里的经典镜头着实是我向往的温馨生活场景。

大多数老外的家庭里，"洋"宠物的家庭地位并不会随着宝宝的诞生而有所下降。那些不希望自己的宝宝和宠物待在一起的家长，则应该在备孕期间就考虑好宠物的去处，而绝不是有了宝宝，就把宠物一扔了事。在我看来，对小动物的爱心不仅是个态度问题，有时更能反映一个人的内心。因此，对年轻的爸爸妈妈来说，任何时候养宠物，都应该明确目的。养宠物的人都应该知道，猫猫狗狗带细菌是事实。两者相比，狗更加卫生一些。因此才要定期给宠物们打预防针，经常洗澡，及时清理动物的毛发，使其保持干净。最重要的还是要避免被他们误伤。而家人们，特别是宝宝，都要维持良好的免疫系统。抱过宠物后，要记得洗手；被咬了后，要立即清洗伤口、去医院打疫苗等等。

知书达理的"猫儿子"小宝

　　小宝一定是达到了卫生标准的。但实际生活中，我要考虑的还有感情问题。对奶奶来说，小宝不仅是我和小乖爹看看照片，彼此开两句玩笑也就作罢的"猫儿子"。在那些没有小乖的日子里，小宝就是日日陪伴在奶奶身边的大宝贝儿。它给奶奶带来的快乐是任何人都无法取代的。

　　我带着小乖离开奶奶家的时候，奶奶告诉我，在猫的世界里，小宝已经算是个迟暮的老人了。她很珍惜和小宝度过的每寸时光。过去是这样，将来还是这样。我很感谢奶奶对小宝和小乖一视同仁。天若有情，又有谁能告诉我：生命与生命之间，真的有什么不同吗？

宝宝的皮肤问题怎么办

　　没有皱纹，没有晒斑，没有所有成年人为之烦恼的痘痘包包。从小乖无比细腻、白皙透亮的肌肤上，我得到至少两点启示：第一，岁月是无情的；第二，吹嘘说能永葆青春的护肤品是骗人的。正是基于这样的完美，以至于哪怕小乖被蚊子叮了一口，姥爷都要心疼地唠叨老半天，埋怨我们没能及时杀死这只蚊子。

蚊子叮个包尚且如此，要是长个什么湿疹或者风疹、尿布疹，大家更是闻之色变，生怕长了不消，就算消了也担心会留疤。一年之后，小乖妈"事后诸葛亮"的总结如下：宝宝长这些疹子都是很正常的。只要处理得当，退得会很快，甚至有的宝宝会从此获得免疫。

湿疹往往是最让新手爸妈们烦恼的。问别人怎么办，免费获赠的经验之谈几乎是同一个意思："不管它""没关系""会自然好的"。貌似轻松的只言片语，只会给毫无经验的爸爸妈妈们带来更多的疑惑。这疹子还会因为抓挠，感染扩散，给宝宝带来烦恼。

但在这种情况下，确实只能"静观其变"。不要随便给宝宝涂药。要记得把宝宝的小手包起来，免得痒的时候，他把自己抓破了。保持宝宝皮肤的湿润状态，不必过勤地给宝宝洗澡，以免把他皮肤上自然生成的保护油脂洗掉，反而使皮肤变得过于干燥。尽量给宝宝穿宽松、柔软的衣服，减轻衣物带来的摩擦。

医生一直建议我们要给宝宝擦凡士林软膏，润滑她的皮肤。而传统的中国妈妈们一定都了解爽身粉才是给宝宝擦身体用的"大爱"。这种中式观点正在修正中。仔细读读国内的爽身粉包装，妈妈们会发现，上面印上了提醒家长避免用于宝宝的耳鼻口和下体的字样。因为细小粉尘进入宝宝体内，给他们的健康系统带来的危害是看不到的。

做到耐心地护理宝宝皮肤的爸爸妈妈不必着急，每个孩子都不太一样。湿疹迟退早退无法统一定论，但是，绝大部分湿疹是一定可以退的，而且完全不留痕迹。风疹，顾名思义，注意不要让宝宝受风吹，就消了。勤换尿布能有效地避免尿布疹发生。

出游时，避免紫外线给宝宝暴露在阳光下的皮肤带来伤害，婴幼儿专用防晒霜的正确使用是非常重要的一步。爱美的妈妈们都知道防晒霜 SPF 值（防晒系数）越高，功效越强。因此，涂在小宝宝身上的婴儿防晒霜，不能低于 SPF30。最好也不要忘了给大一点的宝宝涂上 SPF15 的婴幼儿专用防晒唇膏。如果是带宝宝去游泳，妈妈们还要记得每隔 2～3 个小时，帮忙着在水里进进出出的宝宝补一次防晒霜。出门前，要重点涂抹宝宝的耳朵、鼻子、后颈部和脚背，这是几个最容易被晒伤的部位。再给宝宝戴上个大草帽，以及一副 UV 指数（滤除紫外线的指数）近乎 100% 的墨镜。所有准备工作就位之后，让他酷酷地享受阳光吧。

小乖爹爱女心切，一口气买了 5 管防晒霜，说他女儿如此之白，若被她那不仔细的妈一个疏忽给晒黑了，岂不冤枉？其实他不知道，那些防晒霜都被我自己用了或是默默地送给

享受阳光的同时，家长应给宝宝做好防晒措施。

了朋友们。不是我舍不得给小乖用，而是我认为对她这样还不会走路的小宝宝来说，防晒霜并不实用。

小乖那时还不到一岁，还不能自由活动。把她装在车里出去，一定要避开一天中最热的 10 ～ 14 点这段时间。不仅如此，大部分防晒霜比较油腻，过后要是没有及时洗干净，反而会造成皮肤更大的损伤，况且她还会无意识地用手揉眼睛或者把手指放在嘴里。这些情况的发生无疑放大了防晒霜的缺点。

遇上姥爷姥姥特别想推小乖出去的时候，也都选在傍晚。把她往小车里一放，不太热的时候，还会给她穿上长裤，遮阳篷盖支好了，在小区里逛上一圈。每次回来，老人都会开心地告诉我又有多少人夸小乖了，都是如何夸的。

细想想，小乖真的是应了老话："一白遮百丑。"那她爹的担心也不是全无道理的，毕竟防晒是王道。只是要等小乖不会把防晒霜当奶油吃了以后，再给她好好涂吧。

怎样学会给宝宝洗澡

小乖人生中第一次洗澡，我和小乖爹都不在旁边。当时，护士一进我的护理病房，直接就奔着放她的小床去了。我和小乖爹已经习惯了这里的护士出出进进地顺便看看小乖，也习惯了她们自顾自和闭着眼的小乖说话。

护士直到抱起小乖往门口走去，这才很不经意地对我们说："我现在要带她去洗澡咯。"她说得那么自然，我和小乖爹的笑容都没来得及退下去，就僵在了脸上。

我和小乖爹迅速地交换了一下眼神，我使劲推了发呆的小乖爹一下，"那我也去"，他赶了上去。"不需要啊，你好好休息，给我五分钟。"护士继续往门口走。"我们真的不需要去吗？""哦，不用，"护士客气而坚决地把小乖爹留在了房间里，"我五分钟就回来。"她再次强调时间的短暂，接着补了一句："放心，我会回来的。"

我们无可奈何地留在了房间里。护士也确实很快地把宝宝送了回来，她解释说，时间真的很短，家长没必要跟去，而且每个宝宝都是这样。刨除当时内心的确冒出过"护士会不会一去不返"的猜疑，我们对就这样错过了小乖人生的第一个澡还是感到非常遗憾。不过在国内，宝宝洗澡的时候有家人全程护驾是更常见的。

第二次洗澡是护士专门来教的。一句现成的话可以形容她的动作——艺高人胆大。每天都要抱很多宝宝，练就了护士高超的"抱"功。

护士熟练地托着小乖软软的后颈，用小毯子把她按中国的襁褓式麻利地裹好，这样形式上使宝宝的身体变硬，让新手爸爸妈妈们更容易抱。水温要不冷不热，最好用胳膊肘测试，据她说，这样比较准确。然后，她开始演示如何先用小毛巾角沾上水，给小乖擦脸、眼角和耳廓。每擦完一个地方，就应该换一个角，保证与宝宝皮肤接触的那部分毛巾是

159

干净的。

　　擦完了脸,要洗头了。护士依旧单手稳稳抓住小乖的后颈,另一只手把小毯子往下撸,嘴里还在念叨:"小宝宝太软了,要像抱橄榄球一样,托住她的头,让她躺在你的手臂上。"全然不顾旁边两个看得心惊胆战的人是否真的得了要领。边用专用的小杯子往小乖头上淋水时,护士边说:"整个过程要快,不然宝宝会感冒的。"我开始怀疑自己是否能胜任这项工作,护士接着说:"但是也要小心水不要弄到她的耳朵里去。"我决定给自己做事又快又好的能力打零分。

　　估计护士也觉得这个对新手爸妈来说有一定难度,赶紧又安慰我们说多洗几次就会了。小乖爹在一边很虔诚地点头,我心中暗喜,那就让他"能者多劳"吧。

　　三分钟内,护士完成了抹沐浴液、轻揉、洗净、拍干的过程,小乖居然没有任何不适的表情。我甚至能在她脸上看出一丝享受。"她好像很喜欢水哦,"护士也发现了这一点,"这么小洗澡不哭的宝宝很少见哎。"

　　之后,小乖只在护士把她身上的毯子完全打开的时候,哭了两下,连眼都没睁就又平静地接受了被放入水中的安排。护士让小乖的头靠在自己的前臂上,托住她的小屁屁,让水没到小乖肚子上,再三强调:"宝宝的头始终不能入水,因此任何时候都不要把她单独留在澡盆里,一秒也不行。半口水对宝宝来说,都可能是致命的。"说着话,手没停,护士用小毛巾迅速地擦完了小乖的前胸。然后护士像翻烙饼一样,轻轻把小乖翻过来，让她仍然趴在自己的手臂上，另一只手把她的后背又擦了一遍。"用清水给宝宝洗身体就好了，"护士说，"她也不出汗，身上很干净。等她会自己活动了，再用沐浴液。"

洗好澡的小乖被用一个柔软蓬松的大毛巾裹起来，只露出一个小小的脑袋，始终处于酣睡状态中。一个舒舒服服的温水澡会让她睡得更加香甜。而高质量和长时间的睡眠对一个新生儿来说，无疑是相当重要的。

我们像观赏一件艺术品一样围着小乖看了好久，脑海里浮现出的是那个著名的故事：据说写下许多世界名著的大仲马先生曾经告诉他的儿子——小仲马先生，他才是自己这一生中最好的作品。而渺小的我，不敢奢望我浅显的文字能流传千古，却也在心底埋着一句话：如果我曾真的写出过动人的文字，孩子也是我一生中最满意的篇章。

怎样换尿布最轻松

如果对早产儿的大小没有概念的话，可能很难想象一个宝宝会小到没有合适的尿布可以用。细细的腿从两边伸出来后，尿布就和没包一样。第一个月，姥姥不得不找了好多的旧衣服，做成传统的尿布，外面裹上一层保鲜膜，再用橡皮筋绑在小乖的腰上。

我们尽可能频繁地给小乖换尿布。把换下来的尿布再尽快漂洗干净，用开水烫过，晾干，接着用。姥姥总是感叹，如果现在没有尿不湿，大家还不都在老老实实地用尿布？在她看来，尿不湿无疑是人类变懒的又一铁证。老式尿布用了一个多月，小乖才大到可以用真正的尿不湿。

在对待这种看起来把每日疲于换洗尿布的新手爸妈们从苦难中解脱出来的"尿不湿"的态度上，我继承了中国的传统思想。和姥姥一样，我不是很喜欢这种貌似很方便的成品尿布。

小乖大一些了，她嘘嘘后，洗干净了，我都会让她的小屁屁放放假，晾到自然风干；如果噗噗过了，姥姥会尽量让小乖用"简易尿布"（就是把用过的尿不湿里的芯扔掉，留下外壳，在里面垫上尿布）。这样的尿布既柔软，又方便穿脱，也很经济，适合还没有忙到连尿布都没时间洗的家长。

我非常希望小乖也能和那些很小就听妈妈指挥，愿意被把尿的宝宝一样，很早就可以脱离尿不湿。这样对她，对我们都会方便很多。可惜这只是符合中国国情的办法。在小乖的生活环境里，她愿不愿意被把尿都不重要。要么就穿着尿不湿，要么她必须学会自己上厕所，"把尿"在老外看来，简直匪夷所思。所以，我也就不勉强小乖了。

随着小乖长大，很多事也会变得越来越容易，比如换尿布。特别是在小乖很小的时候，要想着把所有可能会用的东西都拿到手边备用。每次我都这么想，每次我都发现总有那么一样东西会被我遗忘在角落里。跑去拿那样东西的时候，躺着不耐烦的小乖已经用哭声谴责我的坏记性了。手忙脚乱地终于给她换好尿布后，我的腰已经酸得不行了。

在这点上，老外再次向我展现了他们的想象力。商场里，摆在婴儿床旁边卖的小柜子，看起来和中国家具里的五斗橱并没什么区别。这种小柜子是专门用来给宝宝更衣的。一定刚好是一个大人站着，弯腰能到的最舒服的高度。抽屉里可以放上宝宝的尿布，湿纸巾，凡士林软膏，穿的衣服，还有任何你认为需要用到的婴儿用品。把宝宝往柜子上一放，所有要用到的东西都在抽屉里，随用随拿。合适的高度让爸爸妈妈们可以舒服地完成换尿布的过程。

我和小乖爹调侃着老外如此能想方设法让自己时时刻刻处于舒服的状态，心里却还是感到有点好笑——不就是个矮了点的上面有围栏的五斗橱吗？换衣服，换尿布，高度适中，让大人不累。它再好，它也还是个五斗橱呗。

小乖妈碎碎念

让宝宝生活在干净的环境里，涉及到很多方面，比如和宠物怎么共处呢？小乖和我们的猫儿子虽然没能长时间地和平共处下去，却让我认识到，家有宠物，在备孕期间就应该考虑好宠物的去处，而不是一扔了之。

宝宝娇嫩的皮肤更需要精心呵护。长了疹子，被太阳晒了，家长都事先知道正确的应对措施才能让宝宝少受罪。

　　　给小乖洗澡是护士手把手教的。听起来很容易的事情，真正能做得又快又好，还有很多重要的细节需要注意。比如在宝宝感到冷之前，把他洗得干干净净的。

　　　而在换尿布这个环节上，熟能生巧是我从小乖姥姥身上学到经验的最好总结。

第五章

老外育儿的新概念

第一节
从小就睡自己的床

小睡袍，大讲究

小乖出生的第二天，小乖爹就带回来了公司同事们一起送的一份大礼：玩具，尿布，沐浴液，湿纸巾，两件小衣服，甚至还有一张很漂亮的婴儿床。这样，除了婴儿安全座是小乖爹为了接她出院必须要买的，小乖的第一批生活用品无一例外都是朋友们送的。到现在我都非常感谢他们，在最短的时间内，替我们为小乖准备好了所有的日用品，"雪中送炭"也不过如此吧。

人家那边替我们想得周全，我当时却没顾上仔细看。对那两件小衣服，我实在是不敢恭维。我想不出来刚生出来比一只猫咪大不了多少的小乖能在什么场合穿这么两件对她来说显然太大的袍子：长到可以把小乖整个裹起来，有点瘦，料子不算厚，领子大大的，袖口有两个莫名其妙的小兜，裙摆不知道为什么要缝上不松不紧的一圈皮筋，颜色对一个小宝宝来说又太素了。我只好暂时把它们放到小乖半岁之后才会穿的衣服堆里去了。

后来，我在儿科诊所墙上的宣传画上，才明白那两件衣服原来是小宝宝的睡袍。《育儿手册》上专门有一页说明宝宝睡袍的重要性。睡袍所有的设计是有讲究的：长而合身不仅可以避免宝宝着凉，而且一旦发生火灾，不会像宽大的睡袍那样容易沾染火苗；领口大会让宝宝感到舒适；袖口的小兜翻过来正好包住宝宝的小手，以免他无意识地抓破自己的皮肤；而底下那圈松松的皮筋则是在宝宝睡觉蹬掉身上被子的时候，保证睡袍还能整夜裹在他身上，不至于完全没有御寒的衣服。

看完介绍，我哑然失笑。心里暗叹，老外宝宝需要专门的睡袍之类的这些生活细节在我看来，很有点把"简单生活过得复杂"的感觉。特别是关于火灾的分析，多少有点杞人忧天的味道。不过，万事无绝对，想得周全也没什么错吧。当晚，我就把小乖套进了她的第一件睡袍。那时她真的小得可怜，与其说那是件袍子，不如说布袋子更合适点。

给宝宝一张安全的床

把用"布袋子"罩好的小乖放到她自己的婴儿床上，她必须单独睡。这是一件非常令我失望的事情。我对六个月之前的宝宝睡觉时所面临的危险一无所知，只一心一意地认为把小乖放在我身边睡是理所当然的事。

167

但是医生一再强调，大人和宝宝一起睡，宝宝可能会被挤压到，那些被大人的体重压得凹陷进去的床垫、枕头之类的东西还可能令宝宝窒息。家里所有人都被医生告诫，小乖的小床里也不能放包括玩具、多余的毯子和枕头等任何其他东西。为婴儿床配备的海绵垫不得厚过 15 厘米，大小合适，不能和床栏之间有任何缝隙。

宝宝非常弱小，一旦有东西盖住他的头部，他还无法自己解决问题，更无法呼救。这些看似平常的东西都可能在分秒之间就变成让宝宝难以呼吸的杀手。有次我听见小乖躺在小床里大哭，心急火燎地冲过去才发现，只是一块纱蒙住了她的脸，她还不懂得如何用手把它拉开，只能无助地摊着小手，在那儿大哭。

时刻防范婴儿猝死症

为了杜绝任何突发事件，家长还应该经常检查婴儿床的床栅栏是否牢固，注意宝宝使用的床垫和枕头不可过软或者过硬，并把盖在宝宝身上的毯子掖到床垫下压好。婴儿床最好远离窗户、窗帘、灯、插座，放在大人的床边，这样不但喂奶方便，也有利于家长在任何时候检查宝宝是否处于正常状态。

所有可能导致宝宝意外死亡的情况通称为"婴儿猝死症"，英文缩写为"SIDS"。引发这种不幸事故的原因还有很多，比如宝宝一直都处在二手烟的环境里、室温过高等等。母乳喂养可以防范婴儿猝死症，另外，注意不要让宝宝趴着睡。

"怎么会有人让宝宝趴着睡呢？"我听完孕妇班老师的声明后觉得有点搞笑，我在中国从来没看到过谁家六个月前的宝宝是趴着睡的。然而，正是在十年之前的加拿大，老外们并没有意识到一个连脖子都无法独立抬起的宝宝趴着睡有多么危险，这才成为婴儿猝死症的一个很重要的原因。

扁头的老中，圆头的老外

坚持让宝宝仰着睡这一中国传统在一定程度上降低了婴儿猝死症的发生率，也涉及到另一个文化背景：大部分中国人喜欢让宝宝仰睡源自于，传统观念里，大家比较喜欢扁头的宝宝，特别是女宝宝如果是扁头，将来盘上髻之后会更好看。所以，小乖形状均匀的扁头在中国朋友中得到广泛认可。甚至有妈妈问过我，这么好看的头形是不是仰着睡睡出来的？

我个人并不喜欢扁头，老外的后脑勺都是鼓鼓的，我倒是希望小乖的头也能看起来是圆的。在小乖满六个月后，她有一定能力自己调整舒服的姿势了，我曾经试图让她侧睡，希望能借此改变一下她的头形，可惜没有成功。

中国人希望通过仰睡，使宝宝的头形变成扁头，老外却把预防宝宝的头睡扁了当作问题来重视。当他们终于发现，从安全角度来说，宝宝仰睡是不可避免的，那些不希望宝宝的头形会因此而睡扁的妈妈们就尝试在宝宝睡觉的时候，轮换方向，一天头朝床头，一天头朝床尾。仔细观察宝宝仰卧的姿势后，妈妈会发现他的头实际还是会偏向某一边的。因为身体两侧的东西，他总会对其中一侧更有兴趣。调整宝宝在婴儿床里的方向就是为了使他不会因此而只侧重于一面。宝宝的头在每个角度上受力均匀，也就不会是扁的了。

另外，宝宝不处于睡眠状态时，可以把一条小毛毯卷好，垫在他的腹部下面，使还没学会平趴的宝宝能安全地趴着，尽量减少宝宝仰卧的时间。避免扁头的同时这也是一种很好的游戏方式，能让宝宝得到锻炼。

头形和睡姿固然有一定关系，但也经常有圆头的妈妈，或者老公是圆头的妈妈说宝宝也没怎么调整姿势，照样圆头一个。我摸摸小乖的头，再将信将疑地摸摸小乖爹的头，没等我说话，小乖爹就兴奋地问："和我的一样吧？别不开心了，我告诉你，扁头的人比圆头的人聪明哦……""你是说你自己吗？"小乖爹把自己的大脑袋晃得不亦乐乎，"你也是，你也是……"他还算没有得意忘形，能记得把我也顺带夸一下。

我撇撇嘴，懒得和他理论，郁闷地再摸摸自己的头，也并不比小乖爹的头圆到哪儿去，赶紧在心里进行自我安慰，不管头形如何，不影响智力就行。

小乖妈碎碎念

　　第一次看到专属小乖的小睡袍，我只以为是一件不合适的长裙子，其实这件小睡袍的设计是有大学问的。

　　不管我当初如何期望把小乖当作洋娃娃一样，让她睡在我身边，最终她都按《育儿手册》指导的那样，穿着自己的小睡袍，睡在一张属于自己的小床上，俨然一个独立的小大人。这只是防范"婴儿猝死症"的多种措施之一。

　　老外认为，让宝宝趴着睡也是婴儿猝死的一个原因。因此，他们在意的是如何让宝宝仰着睡也不会睡成扁头。而在这点上，和中国传统上追求的"扁头"，正好是完全相反的。

　　现在看来，这事无所谓好坏，看个人喜好吧。

第五章　老外育儿的新概念

第二节
体罚是"有罪"的

打骂就能立规矩吗

"棍棒底下出孝子""不打不成材"这类流传下来的古训反映出中国传统教育的一条重要宗旨：体罚才是"硬道理"。孩子不懂事不听话，尤其是多次重复犯同一个错误的情况下，似乎只有打才能让他真正改邪归正，牢牢记住家长的教诲，永远不再犯同样的错误。

认同这种教育的一部分中国家长们把"打骂"和"立规矩"这两件事弄混了。孩子小，必须给他立规矩，目的在于让他知道该做什么不该做什么，从而引导他有责任心，有自控力，能明辨是非。但以打骂这种方式来给孩子"立规矩"，固然可能让他暂时记住某件家长不认可他做的事情，也可能让他因此变得不快乐，害怕并且不再信任家长。这些都是打骂教育的副作用。

不管在加拿大还是在中国，有样学样就是孩子的天性。如果家长和孩子并没有把道理讲通，没有让孩子从根本上认识到错误在哪里，就以打骂代替交流，结果只会使孩子真正记住一件事：拳头可以解决一切——无论害怕，伤心还是愤怒，不需要讲道理，打是最有用的。这种错误的想法会伴随着孩子长大，进入社会，使他缺乏信任感和宽容力，为他的人生带来多少潜移默化的影响是家长们无法预知的。

通过对彼此童年时代经历的反思，在我和小乖爹达成的共识中，这些教子的古训被彻底放弃了。在我们看来，"棍棒教育"对某一些孩子，在某一个成长阶段也许是有一定作用的，但这些作用是非常有限的。对于那些不听话的孩子，通过"打"就能真的变得听话，从此并入家长规划中的轨道，这种想法大多数时候只是家长们的自我安慰，甚至是一厢情愿的幻想而已。

打孩子，不要有私心

升格当妈好几年的女朋友们都承认她们多少打过几次孩子："他有时候是那么讨厌，让人生气，你是没有体会。等小乖学会淘气以后，你会理解我们的心情。那个时候，你恐怕就不能这么肯定地说你不会打她了。"

不过，她们也承认有时打孩子，会掺杂了自己的坏心情。我相信很多打过孩子的家长都有过这样的情况。看到孩子淘气，一下子火上来了，就会想到很多其他的事。这和夫妻吵架一样，心情不好的情况下，会越想越多，而且一定是想那些让自己难过的事情，越想就会越气。这一气，涉及到的事情就变得不那么有针对性了。一巴掌下去，到底有几分是真的由于孩子就可恶到非打不可的地步，还是源自于家长自己心里的不愉快？无意中，幼小的他们不就成了我们的泄愤工具了吗？

我承认我不是个理智到可以很明确地区分并很好地控制这两种气愤的人，我决心不打小乖也正有一部分原因是我不希望由于我一时间的自私而让小乖受委屈。

孩子哪儿不能打

我也曾试探着问小乖爹，不打的情况应该有个底线吧？他反问，要什么底线呢，小乖只是孩子而已，她懂什么呢？我故意说，那她对我们来说永远都是孩子，这难道就意味着我们不应该在必要的时候，狠狠地教训她一下吗？小乖爹勉强点点头表示同意，但随即便明确指出"除非她干了天大的坏事才可以……""比如？天多么大呢……"这里需要补充说明一下的是，在我与小乖爹的婚姻生活中，十年如一日地以在任何时候为任何事和对方抬杠为乐趣。

没等我翻大白眼，小乖爹已经准备好了一堆文章放到我面前，都是说打孩子是会伤到内脏的。以前一说打，基本都是打屁股，总觉得那里肉多，重要的神经或者组织似乎也都不在那儿。孩子除了痛之外，似乎没什么不良反应。正好教训孩子就是想让他痛，才记得牢，于是打屁股成了大多数家长的不二之选。

现在的医学研究表明，即使屁股也是不可以打的，因为很可能会伤害到孩子还没发育好的肾脏。这不是耸人听闻，上火的家长把孩子打成急性肾衰竭，确有实例。一怒之下把孩子失手打死的也曾见诸报端。

一言以蔽之，孩子哪个部位都不要轻易打。他们的身体各部分都处于生长发育阶段，肌肉、骨骼、神经，一次看似平常的打骂都可能演变成一场悲剧。那些坚持认为打骂才是最有效教育方式的家长们，一定要三思而后行。

宽容不等于溺爱

不打骂小乖不等于放任自流，无原则地溺爱她。能够很好地平衡这两个极端的办法，就是关注小乖在想什么，也不断地让她知道我在想什么。我为做一个好妈妈要修的第一门功课就是认真回忆自己在儿童和青少年时代有过什么样的合理愿望，而姥爷和姥姥没能及时满足我；有哪些事情因为我和他们之间缺乏交流，错过了更好的解决办法。很多人也曾对我说，时代变了，孩子的需求也不一样。我却一直相信，孩子就是孩子，他们小小心里的那些理由和借口是不会变的。

小乖还太小，与其说她是不听话，更多的是一种无意识的捣乱。她喜欢撕东西，往地上砸东西都算好的。一岁后这

第五章 老外育儿的新概念

175

段日子里，家里所有的大人都领教了她的"家暴"——揪头发，抠身上的痣，咬手指头，而且不是闹着玩的，是真咬。冷不防在家里听到有人在小乖的房里大叫，我们也逐渐学会充耳不闻了，那一定是小乖又咬人了。我怀疑如果她那整齐的八颗小牙是尖的，她把我们的手指头咬下来不在话下。

姥爷和姥姥都宠她，总觉得她还太小，不是故意的，并不责备她，"说了她也不懂"。不过，通过我对小乖表情的观察，她通过大人说话的语调，分得出来说的话是好是坏。就算她不能完全懂我在说什么，我还是用不高兴的语气告诉她："这样不好，会疼的。"至少让她知道我不喜欢她干这件事。

小乖一岁的时候还喜欢大哭不止。对老外妈妈们来说，孩子哭很正常，有时候甚至就让他独自哭一会儿，他会自己停的。不必次次都有回应。如果像我们一样实在舍不得让宝贝哭太久，哄他的方式就很重要。让孩子在安抚中，增加与父母彼此之间的信任感，而不是学会增添更多无理由的哭闹来换取我们对她的溺爱。

等小乖再大一点，她进入了一个混沌时期，分不清对错，会像别的小朋友一样对家长的指令说"不"，也会定期地"情绪大爆发"，当这些都成为她成长过程中无可避免的阶段时，能改变的只能是家长自己。

对孩子太严厉或者太放任都不是好选择。这个尺度如何把握，恐怕是个世界性的难题。老外妈妈们的眼中，此时"立

这样育儿更智慧——新手妈妈加拿大育儿手记

规矩"就显得非常有必要，以使孩子的作息时间有规律。当需要让孩子结束一件事，开始做另外一件事的时候，最好提前 5～10 分钟告诉他，比如晚上提前 10 分钟告诉他准备把玩具都收起来，因为到睡觉时间了。也可以在适当的时候给孩子两个选择，让他们学着做决定，说"不"的可能性也会随之降低很多。

你懂"情绪大爆发"吗

最让妈妈们头痛的莫过于孩子的"情绪大爆发"。我经常在公共场合看到尴尬的妈妈们面对情绪失控、大哭大闹的孩子，束手无策。而有经验的老外妈妈们避免这种情况的办法就是注意孩子的情绪。在孩子表现出很累、很饿或者任何不舒服的情况下，都别带他出门。如果已经在外面了，孩子有任何烦躁的表现，也应该立即带他回家。

指望这样就能让孩子的情绪慢慢平复下去只能是妈妈们的美好愿望。"情绪大爆发"起因是孩子感到愤怒或者

一千个伤心的理由

沮丧的时候，他们还无法用言语来排解自己的情绪，哭闹、尖叫对他们来说，是最简单最有效的发泄方式。所有的不愉快当然不可能凭空就消失了，发现孩子的情绪异常，及时带他们回家，这样做只不过是能让妈妈们不要在众目睽睽之下太难堪。

当孩子开始哭闹，摔东西的时候，稍后再想怎么和他沟通，因为孩子正处在一个非常烦躁的阶段，任何说教都是毫无意义的。妈妈们更应该注意的其实是他们的安全问题，特别是当孩子完全失控的时候，妈妈们的情绪也很容易开始波动。在确定孩子不会伤害到他们自己之后，妈妈们最好能到一旁，自己平静一下，以免一怒之下，失手打了孩子，又去内疚。等孩子发泄完了，这时候再准备好安慰他，不要让他把自己吓到了。

也有过家长遇到这种情况，情急之下会一把抓住孩子，前后猛摇，希望以此能让孩子冷静下来。这种努力不仅是徒劳的，而且是非常危险的。在剧烈摇晃的过程中，很可能损伤孩子还没有发育完全的脑部，甚至造成终身瘫痪，引起死亡。种种情况表明，家长自己要有非常好的自控能力，才能妥善地解决孩子的问题。

我确实不敢保证小乖"情绪大爆发"的时候，我能完全理性地控制自己的情绪，但是有一点可以肯定，小乖爹比我更适合处理这种状况。

我家不分红脸黑脸

小乖爹永远都是那个对小乖连批评都不会舍得多说的"慈父"。我也没那么傻，一个人去当吃力不讨好的"严母"，被姥爷姥姥嫌还不算，小乖更不见得对我单方面的严格要求领情。我和小乖爹说好了，不要分什么红脸黑脸大花脸。任何时候，大家对小乖的态度保持高度一致。要么慈父慈母——小乖做得好，大家一起夸；要么严父严母——小乖做错了事，要一起给她脸色看，让她知道我们生气了。

这个决定是我们在观察过好多朋友夫妇后做出的。老是听说，家长中一定要有个比较严厉的，主要负责批评孩子；另一个则在关键时刻出来打圆场，安抚孩子，据说这样能让孩子在感受差别待遇后，知道听话的重要性。

我并不认同这种观点。本来这都是家长为了达到教育目的，背地里商量好，在孩子面前演的一出戏，却有可能让不明就里的孩子从此疏远了看起来无时无刻不在严格要求他的父亲或者母亲。更糟糕的是，这可能会造成孩子"两面派"的个性：在他怕的那一方家长面前畏首畏尾，在他认为会替他说话的另一方家长面前大闹天宫。

鉴于我和小乖爹的性格相差太远，容易起争执的事实在太多，对小乖的行为，我们的态度统一且明确也能避免相互之间产生矛盾。不然，小乖爹很可能会认为我管教太严，小乖变得没什么魄力；或者我埋怨小乖爹疏于管教，小乖变得为所欲为，这类由于教育孩子的分歧演变出来的夫妻争吵是很常见的。

等我生了小乖，我才真正体会到教育好她比生她要难得多。在我还不需要为她立太多规矩前，我要好好珍惜这些我和小乖完全亲密无间、毫无分歧的日子。

尽管我在姥爷姥姥面前再三保证我不会打骂小乖，但二老一直持将信将疑的态度，时时刻刻提防我对小乖下狠手。就连我和小乖一起趴在地板上玩，看谁爬得快，我追上小乖就象征性地在她那包厚厚的尿布上拍两下，稍微弄出点动静，立即会有两个声音从不同方向传来："为什么打她嘛？""打那么重干什么？"

"我没……"不等我解释，姥爷和姥姥已经飞快把小乖抱离了我身边。"我只是在她尿布上轻拍了两下嘛。""那你怎么知道她不疼咧？"姥爷严厉地看着我。"她疼，她也说不出来嘛。"姥姥马上补上。

"好好好，她疼她疼……"坐在姥爷怀里的小乖吃着葡萄，分明笑得开心。我瘪瘪嘴，觉得自己化身为窦娥的表姐"豆花"，哪里还容我这"白雪公主的后妈"争辩？乖乖自己去书房反省，不要让二老再生气才是唯一出路。

谁带宝宝，他就和谁亲。

小乖妈碎碎念

　　打孩子一度成为中国教育文化中的一个很重要的部分。家长很希望通过打骂这种体罚手段给孩子立规矩，但效果往往并不理想。更糟糕的是，打孩子带来的心理和肉体伤害会很严重。

　　解决孩子的问题不能只是一打了之。孩子有他们自己的思想。吸取自己童年时的教训，我认为作为父母，在孩子犯错的时候，最该做的是先去了解孩子。避免粗暴对待孩子，同时也不要因此而走到另一个极端，将宽容变成了溺爱。

　　作为家长，我们必须了解每个年龄段的孩子有哪些情绪反应是正常现象。在孩子还没有到"情绪大爆发"年龄的时候，了解这个阶段幼儿常见的心理状态，是非常有必要的。

　　在小乖的成长过程中，我和小乖爹不会刻意分成红脸、黑脸。因为小乖不会因此而感激总是为了让她更好明白道理，而不得不扮演反面角色的黑脸一方，却有可能为了给红脸那一方留下好印象，而掩饰自己的真实想法。

　　作为小乖的父母，我们会在她的教育问题上，尽量保持意见一致。如果确实无法对内一致，至少对外一定要明确态度：绝不在外人面前评价小乖。

第三节
婴儿肥——不要太肥

第一眼看到小乖的时候，我和小乖爹对一个新生儿应该有多大没有任何概念。姥姥在产房里听说了小乖的体重后，才说了句"是有点轻"。反倒是接生的芒都医生从头至尾，没有一句话是评价小乖体重的。他更担心的是小乖的食量问题。早产了三个多礼拜，因此头一个月，小乖还是保持着在子宫里的状态，以睡眠为主，吃东西的量可能偏少。等这个时期一过，她的各方面情况就应该追上足月宝宝了。

小乖比洋宝宝还壮

芒都医生预见到了小乖吃奶的剂量达到了标准后，她会很快符合足月宝宝的体重要求。然而，他却没预见到小乖三个月以后的例检结果，不仅追上了足月宝宝，而且是"超出平均水平"。

儿科的周医生把小乖的体重和身高标在专业的坐标图

早产儿也有春天。

上，告知我们这个评估结果，大家相视一笑：小乖体重和身高都优于平均水平，她就能更好地预防疾病。有良好的身体素质在先，小乖的未来才有可能更精彩啊。

即使小乖只是属于平均水平，我和小乖爹就够满意的了，现在还能"超出"别的宝宝，这非常出乎我们的意料。毕竟长久以来，大部分老外在我们眼里都是人高马大，他们的宝宝比我们个头大也是理所当然的。

小乖爹的一位德国裔同事娶了位美丽的波兰太太，生了宝贝儿子，比小乖大半岁。他们的宝宝是足月的，体重和早产的小乖一样，同为 2800 克。根据小乖爹后来打探的消息，和她的这位小哥哥同阶段比，小乖也一直居上。

平时喝咖啡、逛商场，甚至去吃饭，看到有躺在摇篮里的小宝宝，我们都要借机和人家的爸妈搭讪，问问小宝宝多大了，多长啊，多重啊。比量下来，果然让我和小乖爹心花怒放，十个宝宝里最多能有两个和小乖的个头有得一拼，而且至少有一个还是个华裔宝宝。

老外在婴儿时期几乎是没有大号宝宝的，家长认为宝宝能达到《育儿手册》上给出的重量增长幅度就很好。一开始的六个月，小乖每个月都要去周医生那里报到，由专门的护士为她量身长和体重。刚出生的头一个礼拜还因为她体重不足，连去了三次婴儿诊所，以保证她能补上出生后，由于流失母体营养而损失的体重。每个宝宝的情况不一样，但是减轻的体重不能超过出生体重的百分之七，否则，家长就应该予以重视了。

因此，如果有细心的家长发现宝宝出生后几天比出生时反倒瘦了，不必担心，这属于正常现象。在五天之内，宝宝的体重会每天以 20 ～ 30 克的速度增长。一般情况下，只有用专门称宝宝的秤才能准确衡量出这些数据。吃母乳的宝宝在出生半个月后就回到了出生时的体重，吃配方奶的宝宝用的时间稍微短一些。简而言之，出生后的头半个月，只要宝宝没有变瘦，他的健康指数就达标了。

控制体重，从娃娃抓起

根据周医生的生长曲线图，每个宝宝在每个礼拜增加的体重是 100 ～ 250 克的样子。超出或低于这个平均范围，也并不是完全不可以，毕竟宝宝还在身体最初的生长期，只要到宝宝五六个月的时候，体重控制在他出生时的两倍左右；一岁的时候，宝宝的体重应该是出生时的三倍左右。

比如小乖出生时大概 2800 克，在六个月的时候，体重约合 8850 克，是她出生时体重的三倍多；身长为 69 厘米，按这个比例，她的生长指数被医生定位为"超出平均水平"，属于"壮"的范畴，但还未被鉴定为"胖"。我想，她是早产儿，出生时体重偏轻这个因素一定也被医生考虑进去了。

小乖的这些数据供担心自己的孩子过胖或者过瘦的家长做个参考。每个宝宝的情况都不一样，家长自己的感受是最真实的。希望自己的宝宝长得不是胖而是壮的妈妈们必须知道：宝宝半岁以前，会有四次非常重要的生长加速期。按小乖食量猛增的情况，她完全符合书上提供的这四段时间：二到三周，六周，三个月和六个月。数天后，就又会恢复常态，该吃多少吃多少了。

面对此时还不懂什么叫贪欲的宝宝，家长不必担心他长胖或变瘦，最简单的原则就是让他根据自己的本能来进食。宝宝比我们更清楚自己什么时候想吃东西。有时我们以为他哭，就是饿了，其实未必。确定他需要奶瓶的时候，再让他喝，会让他感到更舒服。同样，如果宝宝饱了，他也绝对不会学大人一样装客气——不吃就是不吃了，闭嘴巴，头转开或者很明显地推开食物，都说明他确实吃饱了，勉强他多吃是没有任何意义的。

中国家长都希望自己的孩子能长得白白胖胖。中国民俗工艺品中涉及到的娃娃角色几乎也都是白白胖胖的。这成为中国家长心目中宝宝的标准形象。妈妈们传到网上来的照片，有的宝宝身上的肉都是一层一层的，打着褶子，胖嘟嘟的，

这样育儿更智慧——新手妈妈加拿大育儿手记

眼睛也眯成一条缝，看起来憨态可掬，被大家称为"米其林轮胎"宝宝。

这是我在洋宝宝身上都没有看到过的现象。胖乎乎的小宝宝确实可爱，可是太胖就不好了。妈妈们应该分清楚"肉"和"膘"的区别。胖却不结实，不如不胖。控制体重，确实应该从娃娃抓起。

和宝宝一起获得健康的体重

老外没胖宝宝，不等于他们长大不会变胖。正如大家所耳闻的那样，很多洋宝宝也会在幼年或者青少年时期成为小胖子、中胖子甚至大胖子，其中的因素就不仅是吃垃圾食品所能完全解释的了。看电视的数据就知道，中国每年的偏胖儿童也在逐年增多。尽管身材如何本不在任何人的讨论范围之内，但出于对健康的考虑，大部分书籍还是提议当肥胖成为一种疾病的时候，应当予以预防。尤其对自控力比较差，却很爱吃零食的孩子，避免让他患上"儿童肥胖症"就是家长的责任。

言传身教在教育孩子的任何问题上都适用。强迫孩子节食是完全不可行的。家长自己先要有不可"暴饮暴食"的自控力。如果孩子确实有点超重了，也不要为此而从言语上伤害他，循循善诱是教育孩子的正确选择。

小乖还不会说话的时候，已经很懂得如何用比比画画、

第五章 老外育儿的新概念

做个体重适中的宝宝。

大喊大叫来表示她需要吃更多的东西。和刚出生的时候相比，一岁的小乖已经有贪欲了，好吃的就还要；不是很感兴趣的食物，吃完了就算了。

　　大家经常在一起笑谈，贪欲也许就是人类的天性，没人教，照样会。这不是谁的错，不过，如果我们没有给孩子养成吃东西的好习惯，就是我们没有尽到责任。少吃多餐，增加小乖的运动量，多吃水果蔬菜，让小乖懂得"美味不可多用"的道理……这些我草拟的教育方法，最重要的一个环节就是"以身作则"。

　　需要以身作则的又岂止吃东西这一件事？这辈子，所有我希望小乖能做到的，我都要自己能做到。小乖爹必须狠狠感激一下他女儿，正是小乖把"己所不欲，勿施于人"这句名言重新放回了我的脑海里。而小乖爹是当之无愧的最大受益者。

和宝宝一起健康地成长吧。

小乖妈碎碎念

小乖从一个早产儿成功转型成了高于平均水平的"壮"宝宝，比大部分洋宝宝的个头还大，这是我们始料未及的。

在婴儿体重这个问题上，中国人显然比老外要重视绝对数字。胖嘟嘟的宝宝固然可爱，体重超重就不好了。一心想让宝宝长得又白又胖的家长还是应该掌握每个阶段宝宝的体重指数，太胖或太瘦的宝宝都不能算真正健康。

抓住宝宝难得的几次生长加速期，懂得宝宝对食物需求的身体语言，都是我们帮助宝宝健康成长所必须学会的。

为了让宝宝永远远离肥胖的困扰，父母不仅有责任帮宝宝挑选有营养的健康食品，更要以身作则，让一家人都远离肥胖的困扰。

第四节
老外不把孩子当个宝吗

一说起外国小孩的性格，大部分老中的第一印象都是"独立"。小小年纪就知道，零花钱不是白拿的，要靠帮家长做家务事去赚。十八岁以后，就可以自立门户。想读书的，学费不够，家长也没有义务出这笔学费——孩子要去打零工，自己赚钱交学费。总之，大部分外国孩子会比同龄的中国孩子更懂得"凡事不能老是依靠父母"这个道理。

从小培养独立精神

形成这种独立个性的原因，和父母的早期教育是有绝对关系的。襁褓中的宝宝，就要让她明白，没有理由的哭闹，到最后，除了自己精疲力竭之外，父母不可能每次都给她一个温暖的拥抱。会走路了，也不要指望摔倒后，委屈的泪水总是能换来父母的安慰。只要没伤到，爸爸妈妈就在一边看着，宝宝最常听到的几个字是"快点，起来，没事儿的"。长大了，更不可能事事都"请示汇报",指望父母次次帮他拿主意。

在传统的老中看来,老外在这种孩子需要自己帮助的时候不给予帮助,有点不负责任,甚至带着"残忍"。而在更多地看到了老外的教育实例后,我理解了其中包含的良苦用心:他们表面上的不在乎孩子,其实就是他们"管教"孩子的方式。

怀孕期间去大瀑布的旅行中,我们曾在观光栈桥上遇到一个三四岁的小姑娘,哭得上气不接下气,嘴里大叫着"妈妈,妈妈"。小乖的姥姥看着心疼,上前问她妈妈在哪儿。顺着小姑娘手指的方向,她妈妈在 50 米开外的地方正看向这边,看到有陌生人和她女儿搭讪,才慢慢往回走过来。

等到小姑娘的妈妈走到跟前,小女孩立即张开手臂,仰起满是泪水的小脸想让妈妈抱抱。可她妈妈却面无表情地开始问她:"在公共场合大哭大叫,对吗?"小姑娘一边哭一边摇头,可怜巴巴地说:"下次再不会了。"她妈妈这才蹲下来,帮她仔细擦去眼泪。

相比让心肝宝贝哭得难受,孩子在公共场合的行为是否影响到了别人,在很多老中的眼里是比较次要的问题。"他只是个孩子。"这似乎是个无懈可击的理由。每次听到有的孩子肆无忌惮地尖叫,看到有的家长放纵孩子在人群里冲撞,撞到人像没事儿一样,我就决定对小乖这方面的教育一定要学习老外。

表面上看起来,这其中有着中国家长最难接受的部分——

不太疼惜孩子。实际上，老外更明白"溺爱就是害"，真正的疼惜不是骄纵，而是理性的约束。让孩子从小就养成某种好习惯，不要老是觉得自己做什么都是被容许的。孩子的判断力是有限的，父母没有批评阻止的事情，就是一种默许。与其等孩子长大了再被人讨厌，不如在他年纪小的时候就给他立规矩。

品学可以不必"兼优"

相对于对孩子有公德心的严格要求，教育问题在多数老外心目中是第二位的。在老中家长最重视的学习方面，老外更喜欢顺其自然，容许孩子选择他们自己喜欢的，而不是家长自身所期望的。老中在学习方面相当重视后天的培养，"兴趣是可以培养的"，而老外则把更多的后天教育放在了培养孩子独立在这个社会中愉快地生存下去的能力上。

大家聚在一起聊儿童教育问题，喜欢把老外的教育方式叫"放羊"。没有辅导班，很少的笔头作业，低于对同年龄中国孩子所学各学科知识的要求。孩子们像觅食的羊儿一样，哪儿能满足自己玩的乐趣，就往哪儿跑。老外孩子中的近视眼比同龄的中国孩子少很多也就很好理解了。

高中毕业，确实不想读书的孩子，哪怕是选择当个流浪者，家长的意见也不会太多，只要孩子不干坏事就好。老外的家长中，也一定有很多人对孩子将来的成功抱有种种期望，但他们认为更重要的是，孩子能是个个性好、品德优良的孩子。"生活是你自己的，你快乐所以我快乐。"我周围的老外朋友们经常这样形容他们的父母对他们生活的态度。

有了小乖以后，我一度宣称，小乖过了十八岁生日，我就让她搬出去住，不要再想从我这儿拿到一枚铜板。作为传统中国家长的代表，小乖爹对我这种西式为主的教育理念颇有微词，总认为我有"心太狠"的嫌疑。他曾经问我："难道我们给了小乖生命，就是为了让她自生自灭的吗？"

作为小乖的妈妈，我很负责任地告诉小乖爹，"自生自灭"褒义的一面是"自给自足"。过了十八岁，小乖就应该有独立生活的能力，即使有一天在一个远离我们的地方，她也能十分适应地活下去，这才是我们教育的成功。

坦率地说，目前为止，我们家内部对此并没有达成一致意见。漫漫人生路，对小乖来说是从头开始第一步。短期目标还是一致的，那就是她必须在成长中学会独立，至于到底是从十八岁还是某个小乖爹认同的年龄彻底地脱离我们的轨道，有待商榷。我和小乖爹把她奉为"掌上明珠"的同时，尽早开始培养她的独立性已经被提上了日程。

把孩子独自留在家不犯法

刚来加拿大的时候，就听说把 12 岁以下的孩子一个人留在家里是犯法的。以讹传讹，连国内的朋友都知道有这么一条法规。实际上，参考了许多网站的文章，加拿大大多数省并没有明文规定孩子在未超出某个年龄范围时，独自在家就一定是违法的。根据法律解释，考察这种事件的标准不全在年龄，还是要根据孩子的独立性来评判。

脖子上挂着钥匙，放学后独自回家做作业的中小学生在中国是很普遍的。但在加拿大，家长一定要拿出有力的证据证明孩子有能力独自在家。比如，确实有邻居看到孩子自己在没有成人的陪伴下去超市买东西，年龄的限制就不会那么死板。能把独处生活弄得井井有条的 10 岁孩子，显然比 14 岁还需要在妈妈的陪伴下才敢一个人回家的孩子更能让人放心地一个人在家呆着。

加拿大安全理事会还专门出版了一本小册子，介绍孩子独自在家时如何预防问题发生，以及如何处理各种突发状况等等。

五岁之前的学龄前儿童在任何时间都需要有人照顾，永远不要把他单独留在任何地方。八九岁的孩子，已经有一定的独处能力了，在经常训练后，偶尔也可以白天单独呆在家里一小段时间，但应该确保孩子在任何时候都能够找到家长。10 ～ 12 岁的时候，家长逐渐可以开始拉长孩子独处的时间，比如晚上单独呆一段时间，但是绝对不要让孩子自己在家过夜。

"独自在家" 的训练教程

一些学校和社区中心会提供训练孩子独处能力的课程。一种课程叫 Home Alone（独自在家），接收的孩子年龄范围一般为 7 ～ 10 岁，教他们应对独自在家时发生的各种情况。还有一种叫 Sibling（手足之情）或 Babysitting（婴儿保姆），是教 10 ～ 15 岁的孩子带弟弟妹妹的。学业结束后，还会发给孩子一张资格证书。当然，谨慎起见，家长还是不要让他们照顾两个以上的幼儿或是一个婴儿。对于这个年龄的孩子，这种情况太复杂了。

实际上，家长要认真衡量孩子的独立能力反倒会比过了12 岁，家长就可以把孩子随意留在家这个要求更严苛一些。而按照规定，在加拿大，只要孩子没有超出 16 岁，他们独自在家的时候就需要有人"监管"。监管的形式可以因人而异，可以打电话查岗或者找个熟悉的邻居来掌握一下孩子们的动向，时刻了解孩子的安全状态。

而我这个独立教育的崇拜者，从这些指导里，学到的不仅是培养孩子独立性的方法，更有老外在这种方法里显示出的清晰的条理性。什么年龄段的孩子，独立性应该达到怎样的程度，在加拿大是一种系统的、循序渐进的训练。这和我们小时候，爸爸妈妈给了钥匙，就看孩子的自觉性了的那种理念是不同的。家长们要经常与孩子沟通，及时知道独处对孩子来说是不是太早或者时间过长。

不可否认，老外中一定也有中式教育的认同者，就像老中里，有我这样更希望小乖将来能是个情商不低于智商的孩子。我希望她是个能独立思考的孩子，是个能考虑到别人感受的孩子，是个拥有天真烂漫童年的孩子。未来是她自己的，让她自己闯去吧。

小乖妈碎碎念

太在意孩子的感受往往会造成两种不好的可能性：一方面孩子愈发依赖父母，另一方面会使孩子缺乏对周围环境的适应能力。比如孩子在公共场合大吵大闹，其实说明了父母在孩子公德心教育方面的缺失。

孩子首先必须成为一个好人，才谈得上其他的东西。如果以为学习成绩就能说明所有的问题，对于培养健全人格的孩子，这是有失偏颇的。

虽然不像曾经传说的那样，把孩子独自留在家是违法的，但老外绝不会简单地把钥匙挂在孩子脖子上，让孩子独自放学回家做作业。适龄儿童是需要通过一定的课程训练才能独自在家的。

第五节
大人避谈，宝宝有忌

老中看老外，总觉得他们对"性"话题百无禁忌，对于"性"延伸出来的任何观点都能"海纳百川"，于是得出结论：老外对性抱着无所谓的态度，对性开放的接纳程度更是可以无限大。

然而，据我这么多年生活中的观察，老外对"性"话题的不抗拒，并不是因为他们像我们想象中的那么"随便"，更多的是源自于他们对"性"有了足够的重视，才有了我们表面上所看到的这种坦然。

颜色说明性别

闺蜜有个三岁的帅儿子。我怀孕的时候，陪闺蜜去给她家帅儿子买衣服，看她挑得仔细，我惰性大发，直接和她说："我就不挑了，以后拣你家宝贝儿的穿就好了。"闺蜜摇头说："不行的，老外男生和女生的衣服分得超清楚的。你没发现吗？"

她手一指，我才注意到确有点"泾渭分明"的意思。一边的墙上是粉色系，这是女宝宝专区；另一边的墙上是天蓝色，就是男宝宝专区了。其他颜色的衣服也一定会有，但是花纹设计、基本色调都会让人马上分辨出是男装还是女装，因为它们始终在两条划分很清楚的平行区域展示。放眼看去，花花绿绿，万紫千红，却没有一件模糊性别的衣服。

"有这个必要吗？那要是朋友没生的时候，还不知道宝宝性别的，想送礼怎么办？"我瞪着一堆粉粉蓝蓝的衣服，恨恨地说。"送黄色。"闺蜜很有经验地说，自得其乐地继续挑衣服。"为什么？"我不识相地问了一句。闺蜜回头，挖了我一眼："人家的风俗，懂不？"我自此闭嘴。入乡要随俗，这点我还是懂的。

从衣着上，家长给孩子树立最初的性别意识，让"性别"这个词，在孩童时代就不要那么神秘。我们有义务让孩子懂事后就尽快知道，男女有别，从而能让他们懂得，和其他人什么样的接触是可以，什么样的接触是被禁止的，从而能更好地保护自己。

这个过去被轻描淡写、一带而过的问题，如今越来越成为一个社会焦点。也许是过去资讯不够发达，也许是如今真的"人心不古"，触目惊心的案件层出不穷。在我们这代人变成了家长之后，很好地重视孩子的性别教育，是为人父母的责任。

性别和头发长短无关。

根据约定俗成的"蓝男粉女"，对大部分宝宝来说，就不那么容易被别人弄错性别了。特别是对小乖这种头上没几根稀拉毛的准"小美女"来说，被别人认成小男孩儿是经常的事。有时候遇到心不在焉的人，明明前一天向她申明过，小乖是个女宝宝，第二天碰到，照样说，"长得真的好可爱，你儿子……"我只能装没听见。

　　一定也有不想循规蹈矩的家长只挑这两种颜色，但至少不可能出现"粉男蓝女"的情况。尤其在婴儿时期，大部分家长还是很乐意把女宝宝放进一团粉色里去的。可惜了我对天蓝色的热爱，在年幼的小乖身上是没法实现了。

老外不给宝宝把尿

　　环境对人的影响是很大的。周围都没有人做的事，也就自然被我忽略了，比如把尿这一中国风俗。至于姥爷和姥姥，倒不是当年没有实践过，而是年代太久远，他们已经忘了到底该在宝宝多大的时候开始把尿了。

　　在网上坦白之后，立即遭到中国妈妈们一片质疑，"你没想过孩子会难受吗？""你给她养成把尿的习惯了，她自己就会告诉你的，没有你想得那么麻烦。"终于有个妈妈通过现象，看到了本质，一针见血地说："老外是不是因为太懒，才不给孩子把尿的？"

　　我想了半天，确实从没看到过有老外给宝宝把尿。据说，这里面有医学依据，太早把尿不是件好事，对宝宝的发育有损伤。因为没有得到医生的证实，我不敢妄言。

我分析老外不给孩子把尿，和两个原因有关系。一个是他们在看待让孩子暴露身体这件事时，和我们的观念不一样。在游泳馆的更衣室里，几乎没有人是面对别人光着身子冲澡的，包括小孩在内。想洗澡的人，都会进到有帘子的隔间里去。报纸上还登过一个加拿大官员的建议：即使在炎热的夏季，海滩上的家长还是应该给小女孩穿上上衣。

对待什么时间、什么地点、为什么要暴露自己的身体这件事，老外比我们更严肃。身体的每个部分都是绝对隐私，这种意识是从小培养的。因此，让自己的孩子穿着开裆裤到处乱跑，在他们想尿尿的时候，帮他们完成这个任务，对老外来说，不仅是个干不干净的问题，更是件无法想象的事。

另一个原因当然就是环境卫生问题。孩子小，随地大小便就是可以原谅的，这点在某些"苛刻"的老外看来，是完全说不通的，而且他们会把"你真讨厌"这几个字刻在脑门上，让脸皮薄点的家长无地自容。

这些都给把尿这项需要随时随地完成的任务增加了很多难度，我想这也是为什么把尿在国外多年"流行"不起来的原因。而小乖似乎有点意识到把尿在她今后的生活环境里并不适用，坚决抗拒这件事，我也就不再勉强她了。把尿不是必需的，她自己舒服就好。

训练宝宝自己上厕所

按老外的指导手册，我从小乖两岁才训练她自己上厕所，甚至按孩子自己的需求，等到四岁才开始让她学独立上厕所也是可能的。训练三个月，宝宝可以开始穿小内裤，小屁屁就算脱离苦海了。

不过，快满一周岁的时候，小乖试用过儿童坐便器，效果不错。她可以比较稳地坐在这个小盆子上，当我们发出她熟悉的嘘嘘嗯嗯声，她会在引导下开始便便。一个月下来，虽然不会次次都成功，但开了个好头。培养她上厕所的自觉性后，不管有没有把尿这个阶段，能让她早日摆脱尿布才是最终目的。

夸宝宝要夸到点子上

只可惜小乖爹无法时刻陪伴在小乖身边，有很多小乖人生中有意义的时刻他错过了。我很替他遗憾。某些时候，我却希望他不要爱心泛滥，无意中做了一些并不能被老外所接受的"友好举动"。特别是有了小乖以后，他总觉得自己的"江湖地位"由老公上升为老爹，小乖又是个小女孩，他作为一个爸爸，问陌生小姑娘"你几岁啦""你的头发真好看，是你妈妈帮你梳的吗"这种事是人之常情。在中国，这也确实是人之常情。在加拿大，就未必能令人高兴了。

心中有大爱的"麦当劳叔叔"

我从一个小女孩妈妈的角度，为小乖爹总结出几种场合，最好不要主动去夸陌生的小女孩：第一，我不在场；第二，小女孩的家长不在场；第三，我和小女孩的家长都不在场。三种场景符合一种，就可能一片诚意落得个讨人嫌的下场。

"那我岂不是只能在家夸夸小乖了？"小乖爹皱皱眉头，真的把自己当成麦当劳叔叔了，"虽然在我心里，小乖是最可爱的，但是我不夸别人家的小姑娘，岂不是显得我很自私？"我一时语塞，这个问题怎么瞬间变成了一个境界问题了呢？

我思考之后，认识到：不让"麦当劳叔叔"和小朋友玩是不对的，那就让"麦当劳叔叔"只和小乖之外的小男孩玩去吧。

小乖妈碎碎念

　　孩子脑中"男""女"的概念是怎么形成的？什么时候形成的？性别认知在老外的教育里不是刻意的教程，在生活中让孩子明白性别差异无疑是最简单自然的办法。

　　男孩穿蓝色，女孩穿粉色，这是孩子出生时的启蒙性教育。老外从来不会为孩子把尿，他们有自己的道理，孩子会因此明白有些事是很私密的。

　　当然，也有与中国风俗习惯相差较远，有时难让我们适应的地方。大人夸孩子的时候，不管孩子有多小，或者我们把自己摆在多么长辈的位置上，有一个问题要考虑到：性别问题。因此而被孩子家长误会会是件令人啼笑皆非的事。

第五章　老外育儿的新概念

第六节
接受老外的健康理念

舍不得开药的老外医生

很多有国外生活经历的爸爸妈妈们都写过孩子在国外"看病难"的经历。这绝不是中西方的儿科医生对待患儿不同的态度问题，而是由理念的不同造成的。"没事儿，过一阵子会自然好的，如果不好，我们再决定下一步该怎么办。"这是老外医生最常给出的建议。"没事儿，打一针，吃了我给你开的药就好了。"这则是在中国医生那里最容易听到的问诊结束语。

作为一个并不精通医学的妈妈，我很抗拒给小乖吃任何药物。到一岁为止，她没有吃过任何药。一个重要前提是，医生也没给她开过药。一方面小乖确实很健康，和某个牙膏的广告词差不多：身体倍儿棒，吃饭倍儿香。另一方面，加拿大的儿科医生似乎都超级小气，总担心给小乖吃了可以不吃的药就是浪费。建议开个药方以备急需，医生也摇头说"没必要"。

这样育儿更智慧——新手妈妈加拿大育儿手记

在一些爱子心切的老中家长看来，这和那些没有医德、乱开药的医生反倒没什么两样，都是"不负责任"。姥姥在早教中心认识的一个来加拿大探亲的老奶奶，就抱怨说，某次她的孙子便秘，等了三天，医生说是正常现象，不用吃药。又等了三天，医生说还要再观察，老奶奶着急了，说肠子都堵住了，孙子不吃也不喝，这么弄下去不就耽误了吗？结果，孩子的爸妈打了911（加拿大急救电话），来了辆救护车把孩子送到医院。这次，医生说可以考虑处理一下，但是情况并没有那么紧急，所以叫救护车的钱由家长自己出。

讲完，老奶奶言之凿凿地对我说："就是因为现在吃药由政府包了，所以医生才不轻易给你开药咧。"我有点啼笑皆非。加拿大的医务人员是政府养着没错，但药品和医务人员是完全分割开来的两部分。医生开不开药，开的药便宜还是贵，和他本身并没有利益关系。

大部分药物能应对儿童常见病，比如感冒发烧，都源于药物里面的抗生素。抗生素确实可以快速而有效地杀灭病菌，但它无法辨别细菌的好坏，如同双刃剑一样，把很多好的细菌一起消灭了。过多使用抗生素，就等于削弱了孩子正在成长中的免疫系统，失去了很多从母体带来的天然抵抗能力。当其他疾病再次攻击时，又必须使用对应的抗生素，最终造成恶性循环。

基于这个道理，老外的医生在开抗生素方面才格外"抠门"。有一年，小乖爹得了支气管炎，医生看他咳得辛苦，勉强给他开了两盒抗生素胶囊，就再不肯多给了，怕他吃多了，把整个免疫系统给弄弱了反倒不好。给大人开抗生素都要计算剂量，更不要提给孩子了。凡是他们认为病能自然好的，基本都不开药。这才会出现上文中那位老奶奶说的情况。

同样是医生，加拿大的医生就差没告诉你不是病得半死了，不要来医院。看急诊也就那么回事，排队排一个小时算短的，好容易轮到了，医生稍微检查一下，没什么大碍，躺一会儿就可以回家了，前后十分钟算很久了。

为了让我们这些孩子一有点反常情况，就恨不得带孩子立即看医生的家长保持冷静，每本《育儿手册》里都会列出各种儿童常见病的症状：什么样的是轻微状况，会自动消退；什么样的状况需要和医生取得联系；什么样的情况要立即打911，都写得一清二楚，以备不时之需。

以下是我对处理几种儿童常见病的经验总结：

（一）感冒

孩子感冒时，最让他难受的莫过于鼻子塞了，这在太干燥的环境中很容易发生。小乖三个月前就经常出现这样的问题，呼吸困难以致她根本无法入睡，整夜地大哭大闹。周医生建议我们在房间里放一个冷水加湿器来缓解这种状况。

要是鼻子已经塞了，也可以买通鼻子的滴剂，在睡觉前，滴上两滴，让孩子舒服地睡着。还可以试着让孩子睡在一个稍稍倾斜的垫子上，让他的鼻涕不堵在鼻子里。孩子的咳嗽较轻的话，不要给他吃止咳药，因为这样反倒会起坏作用。

比起平常，要给他喝更多的水。轻微症状下的感冒是会自愈的。如果孩子开始剧烈咳嗽，呼吸急促，脸色苍白，家长需要带他去看医生。

（二）发烧

发烧可以是任何一种疾病的症状，一般情况下，72 小时之内会自动退烧。给两岁以下的孩子量体温，他的直肠温度是最准确的。我建议给孩子用电子体温计。老式的体温计不仅在读取刻度上有误差，更有可能因为破碎，而导致发生危险。如果家长只是想看看孩子是不是有发烧的迹象，可以量腋下的温度，一般情况下，额头的体温是不准确的。

家长应该清楚的是，体温的高低并不能真实反映孩子病情的严重性。低烧不等于就是小病，高烧不一定就是大病，还是要多观察孩子的其他情况，以免耽误病情。

一旦确定孩子发烧后，要让他多喝水。与中国的传统做法不同的是，老外认为此时不仅不应该再给孩子多盖任何东西，还应该尽量少盖，这样才能真正起到降温的作用。最多只留下身上的衣服，能保暖就够了。给孩子吃的药首选并不是以退烧为主，而是泰诺之类的缓解症状的药，把体内的病痛散发掉，体温就慢慢下来了。

六个月以下的宝宝发烧要及时去看医生。六个月以上的宝宝发烧 72 小时后，如果状况没有好转，也要及时看医生。

（三）腹泻脱水

严重的腹泻有可能引起脱水。所以，腹泻的孩子要喝大量的水，把失去的水分和盐分都补上。不过，如果连续腹泻，就不能只喝白开水了。此时一定不要喝任何含糖的饮料，因为这些饮料中水、糖、盐的成分与人体所需的不同，只会加剧腹泻。

最简单适用的家庭办法是给孩子喝一种水、糖、盐成分按比例配好的冲剂。家长冲好后，一开始每5分钟给孩子喝一勺，逐渐增加到一定的剂量，直到孩子喝水能够恢复到正常状态。

如果发现孩子有血便，或者不停呕吐，发烧在38.5度以上，都应该及时去看医生。

（四）牙齿

看老外的牙医费用非常高，因此，大家都很认真地保护着自己的牙齿。原来我们总认为小宝宝的乳牙长得不整齐没关系，反正是要换牙的。此言差矣，乳牙的位置必然会影响后来的牙生长的空间和方向。换牙后，牙的健康问题更不能忽视。为了避免把钱过多地浪费在和牙医打交道上，从小我们就要帮小乖照顾好她的小牙。

我怀孕的时候，牙医就把准备给小乖用的小牙刷当作小礼物送给我了。"刷牙的好习惯要从小养成哦。"牙医笑眯眯地看着我。"她什么时候能长牙呢？""6～10个月之间吧。"牙医举着小牙刷说，"她长第一颗牙开始，你就可以在上面抹一点点牙膏，必须是含氟的，刷在她的牙上，然后再帮她把多出来的牙膏擦掉，直到她学会自己吐出来了为止。"

这样育儿更智慧——新手妈妈加拿大育儿手记

"这么早？"我接过小牙刷，看了半天。"并不早啊，"牙医说，"她没长牙的时候，你就要学会照顾她的小牙了。"于是等小乖生出来，还没长牙的时候，即使只是喝奶，每次喝完了，我们都尽量用干净的软布把她小小的牙龈擦一遍。睡前，我会看着她闭着眼吸完瓶子里的最后一口奶，然后立即换上另一个装有少量清水的奶瓶。这个家伙稀里糊涂地把水当奶喝，就全当是给她漱口了。

　　小乖是从第七个月开始长牙的。那段时间她像磨牙的小白鼠一样，找各种各样的东西往嘴里塞。牙医说让她的牙龈感到舒服的最简单的办法是，让她咬一块冰过的干净湿布。后来，朋友送的玩具里，就有专门给长牙的宝宝磨牙用的橡皮圈。看小乖每天咬得不亦乐乎，小乖爹老是问我："你说，那个东西是什么味道的？她怎么那么喜欢呢？"我唆使他去试试，他真的咬了咬，说："没什么味道啊，她怎么那么喜欢呢？"我笑得半死，告诉他："你如果今年半岁，就明白了。"

　　小乖长牙的过程并不怎么痛苦，没像别人说的那样牙龈肿胀、心情烦躁，乃至发烧、流鼻涕，只是除了到处滴口水外，家里所有的玩具都被她乱咬了一通。看起来咬东西对小乖来说，不仅能让牙龈感觉舒服点，似乎更是一种发泄坏心情的好办法。

（五）儿童营养品

　　曾经有个朋友托我帮她问问，国外的药剂师有没有什么合适的营养品推荐给她家里一位身体羸弱的小朋友吃。虽然我本人一直都不支持孩子另外吃营养品，但难得一个素未谋面的人能如此信任我，我让小乖爹第二天就去问了两个不同的药剂师。

答案和我预料的一样。这里的药剂师都是自然主义者，第一个人的建议是，儿童不要依赖营养品，最好的营养品就是一日三餐，从食物中摄取足够的蛋白质等营养，辅助吃些复方维生素和矿物质。第二个人的建议和他一样，再加一条——没有医生指导就让孩子乱吃营养品，里面很可能含有某种不利成分，引发孩子体内的隐形疾病，罪加一等。

最后，我没能帮朋友找到她需要的儿童营养品。想起这件事，我感到挺遗憾的。不过，正如那些药剂师说的那样，儿童营养品不应该乱吃。什么东西都是天然的好。最关键的是一开始就要把孩子的身体调理好。正确的健康理念才能帮孩子建立好的免疫系统，有很强的抵抗力。

我们这些家长表示，压力很大。

小乖妈碎碎念

　　从怀孕到小乖出生，我越来越相信：药物大多数时候只是为了让病好得快一些，并不一定是非吃不可的。生活里的老外医生对病人的态度都是能等几天自然好就不开药，能开药就不住院。

　　老外的医生对开药的事可以用抠门来形容，尤其是抗生素这样会带来副作用的药，更是能不开就不开。

　　对待儿童常见病，比如感冒、发烧、腹泻之类的情况，有些情况不吃药也能好，有些情况用中药或者物理方法就能见效，家长要提前掌握相关的常识。

　　而保护宝宝牙齿这类需要长期注意的事项，更是越早开始越好。

第五章　老外育儿的新概念

第七节
宝宝的人生大事——睡觉

　　我一直大言不"馋"（惭）地向小乖爹标榜我人生中最重要的事就是吃饭和睡觉。小乖爹很相信我说的是真的。正因为这样，正直的小乖爹会想出许多论据来驳斥我这种"懒人理论"。在小乖爹看来，我花在睡眠上的时间太多就是懒惰，就是"虚度光阴"，就是"浪费"。

　　不过要是有人和小乖爹讨论说，小乖这么爱睡觉是不是件非常好的事？他一定会举双手双脚表示赞同。稳定的睡眠是宝宝们的身体和精神得到休息的最佳保障，在他们健康成长的过程中，所需要的高质量睡眠时间比大人平时所需的长很多。

睡觉对宝宝有多重要

　　一天 24 个小时，大人的睡眠时间在 8 个小时甚至更少，就已经可以满足身体的全部需要。而 6 个月以下的宝宝最好

这样育儿更智慧——新手妈妈加拿大育儿手记

能睡满 16 个小时；6 个月之后可以根据情况，少睡 2 个小时左右；但是一直到 5 岁，宝宝一天的睡眠都应该保证在 10 ~ 12 个小时之间。

小"睡美人"会梦到什么呢？

按照这个数据来判断，小乖的睡眠状况是非常好的。小乖刚出生的时候，除了闭着眼大哭着要东西吃，她留给我最多的印象就是抱着奶瓶躺在摇篮里，吸着吸着就睡着了。过了一岁生日之后，小乖还是喜欢白天打两次盹，晚上再美美地睡上一大觉，其爱睡觉的势头颇具乃父风范。对那些没有如此热爱睡觉的一岁以上的宝宝，白天只打一个盹，可能从 20 分钟到 3 个小时不等，只要总的睡眠时间能保证，就都是正常现象。

小乖该吃的时候吃，想睡的时候睡，过着令人羡慕的、无忧无虑的生活，然而，她也有很多烦恼是我们所不能体会的。当小乖委屈地大哭大闹时，我们无法很快弄清她想要的是什么，她就会更加烦躁。这种情况影响到她舒服地入睡，或者让她在半夜惊醒，降低了睡眠质量，对她的成长是极为不利的。

帮助宝宝入睡

据我对小乖的观察，她闹的时候并不是不困，而是她还剩最后一点精力要消耗掉。精疲力尽了，她睡着的速度之快，令我望尘莫及。因此，与其说哄宝宝睡觉是"培养习惯"，不如说是"创造条件"。

妈妈们可以首先试着为宝宝制订有规律的作息制度，固定白天打盹的时间和晚上上床的时间。白天可以拉上窗帘，让屋子暗下来，给他一个熟悉的临睡环境。为了保证宝宝晚上的整块睡眠时间，妈妈们可以适当控制一下白天宝宝打盹的时间，最好把打盹的时段安排和宝宝晚上上床的钟点相隔久一点。

晚上宝宝如果还是不肯轻易入睡，老外妈妈们的经验是，给宝宝洗个热水澡，念个书上的小故事，然后轻轻把他们抱上床。"热水澡""故事书""床"这三个英文单词的头一个字母都是 B，也简称为"3B"。要是念完小故事，宝宝还挣扎着在床上滚来滚去，妈妈们不妨唱唱摇篮曲，或者放首温柔的《小夜曲》，让宝宝逐渐平静下来，慢慢进入梦乡。

哄宝宝睡觉的过程中，妈妈们最好也闭上眼睛，一方面自己可以趁机休息一下；另一方面，不和宝宝做眼神交流，他一个人就不那么容易保持兴奋状态。必要的时候，妈妈可以和大一点的宝宝一起打个盹，让他们有安全感，睡得会更踏实一些。

三招让宝宝安静入睡。

宝宝为什么哭着不想睡

最令妈妈们头疼的是，有时即使宝宝很顺利地睡着了，半夜还是会醒来一次，甚至多次。这会影响周围所有大人，包括邻居的休息，也会让妈妈们担心是不是宝宝不舒服或者有其他不好的原因。其实这是个非常正常的现象，宝宝忽然大哭确实有很多原因。

6个月以前的小乖每天晚上会醒好几次，原因非常简单：她饿了，给她奶瓶基本就万事大吉了。等到8个月的时候，就应该试着断掉宝宝夜里吃的奶，花几个礼拜，一点一点把奶量降下来，直到完全戒掉为止。

这个时候，宝宝睡觉时会哭的一个主要原因是她忽然醒来的时候，没有看到家人。小乖在7个月的时候学会认人了。一到晚上，一直哄她睡觉的姥姥如果不在她的视线范围内，小乖就会大哭不止，谁抱都没用。等到她再大点，11个月左右的时候，这种情况才缓和下来。遇到这种状况的妈妈们也不要觉得沮丧，宝宝这个时候刚刚学会认生，过段时间，他自然而然就好了。

还有的宝宝睡觉的时候哭是因为做噩梦了。以前我总以为小乖可能连个完整的梦都不会做，可是后来我发现，小乖会在睡梦中忽然微笑，似乎做了一个很快乐的梦。她会笑，她也就会哭，做了噩梦大哭也就可以理解了。只要抱着她，轻轻地唱歌或者说话给她听，让她知道我就在她身边，她觉得安全了，很快也就安静下来了。

训练宝宝入睡，你同意让他哭还是不哭

宝宝越大，妈妈们就会越难让他们在该睡觉的时候听话地躺到床上。老外妈妈们认为 6 个月左右的宝宝就应该懂得"遵守"他们的作息制度了。过了 6 个月，如果宝宝睡觉还是无法自然入睡的话，就可以开始考虑"睡觉训练"了。

介绍如何能让宝宝快速入眠的书非常多。每个妈妈的经验不同，这类训练的书籍中总结出来的经验也就各有千秋，其中最具代表性的有两种方法，而这两种方法所依据的理论却恰恰是相反的：一种是相信宝宝哭着哭着就会睡着；另一种是在避免让宝宝哭的情况下，哄他入睡。

前者的理论出现得比较早。简单来说就是，把感到困意的宝宝放上床后，哪怕他还醒着，也要留他一个人在房间里，即使他哭也不理会。第一天晚上，按这个方法建议的时间，可以过三分钟去看看宝宝，但只能呆一分钟，安慰他一下，即使他还在哭，也必须退出房间。过五分钟再去，安慰他一分钟后再出来，再过十分钟再去……直到退出来的时候，宝宝睡着了。第二天晚上，间隔时间可以适当增长，变为五分钟，十分钟，十二分钟……据说，宝宝会在第三天或者第四天就开始学会自己睡觉，最多也不超过一周。如果实在是很能哭

第五章 老外育儿的新概念

的宝宝，那就等过一段时间，再重新开始训练。

这种方法实施时最重要的两个条件是，第一要做好因为宝宝哭，头一两天睡不好觉的准备；第二，父母要保持意见统一。一旦开始训练，父母双方有一个人听到宝宝连续大哭心软，遵守不了间隔时间就想去哄他，这个训练是没办法进行下去的。

后一种方法的理论支持者认为，那种让宝宝哭到睡着为止的办法会损害宝宝的身体健康，甚至给将来的生活带来心理上的阴影。孩子哭，父母应该立即回应，并且知道他哭的原因是什么。记录下孩子所有的作息时间，然后根据这些数据逐渐调整他的生物钟。提出这个理论的妈妈认为，能安然入睡的关键应该是使"该睡觉了"形成一种条件反射，之后，他不哭也能睡着是完全可行的。

我想这就是我们说的"习惯成自然"。妈妈们通过训练使宝宝明白，白天是可以吃饭、打盹的，而到了晚上，就是上床睡觉的时间。训练宝宝熟悉睡觉前妈妈为他做的一系列准备工作，妈妈们还可以说一些只有在晚上临睡前才会反复说的话。这些都能起到暗示作用。有一点要强调的是，不让宝宝哭着睡着不是无条件地回应他的哭闹，而是确定他真的不舒服，再去安慰他。

这两种理论都有成功的和失败的例子。对于第一种理论，我觉得很新鲜。不过，就算小乖是个不喜欢睡觉的宝宝，我还是不会舍得在她身上试验的。实在是有点残忍，我听她连续哭一分钟，就心疼得不得了了。这应该也是大部分中国妈妈的特性。

至于第二种理论，客观地说，好象这也是大部分中国妈妈们在做的。当然作者在书中也介绍了别的方法，以让宝宝顺利地从妈妈温暖的怀抱里过渡到小床上去。只是在我看来，中国妈妈们在这方面似乎都无师自通，毕竟舍得听凭宝宝在一个黑暗的房间里声嘶力竭地哭上三五分钟，不是每个人都能做到的，小乖爹只会比我进去抱她的速度更快。

还好小乖并没让我们太为难。她到点就想吃饭，困了就知道要睡觉，这也是为什么我决定把"小乖"这个名字沿用下来的原因。之前，我和小乖爹为她想好了一个有点绕口的小名和一个有着温馨含义的大名。"小乖"是我有天忽然心血来潮，觉得顺口才开始叫的。后来，几乎所有见过她的人都觉得这个小家伙人如其名，乖得不得了，无论是坐十几个小时的飞机还是在火车卧铺上过夜，她都很少无理取闹地大哭大闹。

小乖哭了，无非就那么几个问题：困了，饿了，需要换尿布了。只要迅速解决这些问题，她绝不多找我们的麻烦。我们为她解决这些举手之劳的小问题，得到的回报却是相当丰富的：一个露出小酒窝的甜蜜微笑；一声兴奋的尖叫；最高奖赏是被她亲上一大口，还是带响的。

我想做父母最大的快乐莫过于此吧。

第五章 老外育儿的新概念

小乖妈碎碎念

宝宝每个阶段睡眠时间长短都是不一样的，良好的睡眠有助于宝宝健康地生长。作为父母，我们必须知道自己的宝宝所处这个年龄段所需的睡眠是多长，才能保证他的睡眠是充足的。

不管让房间的光线暗下来，使宝宝形成条件反射，还是给宝宝洗个热水澡，让他真正感到舒服而平静下来，宝宝能有一个质量高、时间充足的睡眠，妈妈们的睡前安慰工作是相当重要的。

宝宝哭到底为什么？相信他哭着哭着就会睡着；抑或为了让他感到安全，随时出现在他床前，让他不哭也能安静地睡去，是老外妈妈们两种常见的哄宝宝入睡的方法。

不管用哪种方法，只要能按时哄睡宝宝，让他的成长因此能更加顺利，对妈妈来说，就是绝对的好消息。

第八节
全职妈妈是个技术活儿

在网上认识了很多新手妈妈，她们的职业也是多种多样的：有的休完产假，就重返工作岗位；有的本来就是自由职业者，现在一边带着孩子，一边忙着工作，两不耽误；也有的妈妈，天天呆在家里，准备下半生就相夫教子，当个"全职妈妈"。

其他的妈妈礼貌地把我归为了"全职妈妈"，我则大言不惭地称呼自己为"坐家"。"真的啊？"有好心的妈妈以为我只是把"作"不小心打成了"坐"，一定要表达一下她们对一位"作家"妈妈的敬意，我也都在电脑这边偷笑着照单全收了。

在我的意识里，全职妈妈就是"家庭妇女"的尊称。因此，我从来没想到过有一天我会放弃工作，整天只与孩子和家务事为伍，做个贤妻良母。我一直认为，这只是种生活状态，怎么谈得上职业呢？

选择当"全职妈妈"

然而到了加拿大，我才发现近代史上女权运动的急先锋——老外太太们，很好地诠释了"全职妈妈"何以成为有了宝宝后的一项新工作选择。当"全职妈妈"也能当得风生水起，而我则需要重新开始审视这项我曾认为没有多少"技术含量"的技术活儿。

这些妈妈会在生宝宝后的这四到五年中，全心全意地把她们渊博的知识、充沛的精力投入到"家庭"这个大产业中去。一个兴趣爱好广泛，善于与人交流，品行端正，身体健康的孩子就是合格的"产品"。当孩子上了幼儿园之后，有的妈妈或许会重新选择一份自己喜欢的工作，而有的妈妈就把照顾家人作为终身的职业了。

免费的早教中心是个很容易认识"全职妈妈"的地方。一个大房间，根据宝宝不同的年龄段，分成好几个区，地上散落着各种各样的玩具。中午的时候，孩子们坐在小桌边一起吃点心。下午，工作人员会让孩子们坐在地板上围个圈，读故事给他们听。所有这些都是免费的。全职妈妈们可以带着孩子在这儿待上一整天。我问一个老外妈妈当全职妈妈最大的感想是什么，她看看我，笑着说："在家带孩子并不比上班轻松。你可以认为做全职妈妈是一种休息，但大多数时候，做全职妈妈更是一种学习。"

孩子谁带就和谁亲

　　"我们应该学习让宝宝和自己都快乐。"每当我回想起这句话，再看看这段赋闲在家的经历，感触颇多。作为一个母亲，我深深知道对幼小的小乖来说，快乐还算是件很容易的事——陪她玩，陪她睡，陪她醒了吃东西。在她还不懂得用言语表达自己的时候，满足她小小的心里那些单纯至极的愿望，小乖就会用最真诚的笑容来报答我。

　　而在小乖出生后的头一年中，我看着小乖在两个半月大，我们叫她的时候，她有了第一次回应；三个月的时候，她会无缘故地大叫；三个半月的时候，她能自己翻过身，换个姿势趴着；四个月的时候，她开始朝镜子里的自己笑；四个半月的某天，她忽然大笑出声来；五个月开始，她以抓我挂在墙上的装饰画为乐；到她过一岁生日前，能扶着沙发，顺利地从这头走到那头……

　　从幸福的角度来说，我没有错过小乖成长的分分秒秒；而从自由的角度来说，我亦为了她改变了性格中的许多随意。无论是拥有还是放弃，对我，都是快乐的。

　　我用我的笔，记录下来这些日日夜夜、点点滴滴。我之所以没有选择方便、快速地打进电脑，我是希望这本我亲笔写下的"全职妈妈"日记交到小乖手里的时候，带给她的不仅是珍贵的回忆，更有我的笔迹带给她的温暖。

　　全心全意地注视着小乖成长——这就是我的工作。不必

第五章　老外育儿的新概念

花汽油钱去看老板的脸色，把有限的精力浪费在和同事的人际关系上，让工作缠身，挤掉了温馨的家庭时光，无限地压抑自己，把顶了多少压力才赚来的血汗钱交给保姆。这么算算，全职妈妈显然是这个世界上最适合妈妈们的工作了。

我很热衷于向我的朋友们推荐这个换算公式。也许我确实是个贪图安逸的人，即使有人告诉我工作和做全职妈妈花的精力是一样的，我也同样会选择做全职妈妈，因为我看得见回报在哪里。

我身边有太多孩子在成长过程中，缺少了父母的参与，导致亲情疏远。一辈子都没能真正认识自己的孩子，这样的父母是失败的。就像小乖一直被姥爷和姥姥无微不至地照顾着，如果她终有一天要由我一个人照顾，我到底能给她什么，让她像眷恋姥爷姥姥一样眷恋我？

玩具的重要性

玩具自然是我能想到的讨好小乖的最佳礼物。我的童年几乎是没有玩具的。对此，亲爱的姥爷和姥姥解释说，所有的玩具孩子都会玩腻，因此可买可不买。我没有洋娃娃，没有绒毛玩具，没有遥控汽车，以至于我自己开始赚钱了之后，最大的乐趣之一就是买玩具。哪怕是放在家里看，也是我心理上的安慰。

有了小乖之后，她自然成了我名正言顺地买更多玩具的

其实我不懂小乖的心。

理由。然而，买了几个回来之后，真的出现了姥爷姥姥说的问题：小乖对玩具并没有什么兴趣。买回来，摆弄了几下，发现了机关在哪儿之后，就扔到一边去了。我每天就挂在网上，不停地找新的玩具，买回来，不合她的心意，再找，再买，还是不知道她到底喜欢什么。

　　直到前不久，我向我的一位公认的教子有方的表姐抱怨这件事，她反问我："你买给宝宝这些玩具，是为了什么呢？""玩啊，"我不假思索地说。"玩什么呢？自己玩吗？"她问我。我这才发现，我买玩具的时候，都是以一个成年人的心态去寻找，只追求单一的娱乐性。玩这样的玩具，基本不需要其他人的参与，没有太多益智性。宝宝需要的是那种反复玩，仍然能发觉乐趣的玩具，最好还是爸爸妈妈能陪着一起玩，顺便有引导作用的。简单地说，就是寓教于乐。

　　当然，在宝宝 0～6 个月的时候，的确需要买一些刺激

227

我们是彼此的天使。

视觉、听觉和触觉的简单玩具，比如能发出声响的小玩偶，能让她咬来咬去磨牙的软棒，还有彩色的，在她眼前晃动的小球。等宝宝开始可以自己运动了，语言能力也越来越强，教宝宝辨认色彩、形状、看图识字……这样的玩具复杂程度也就越来越高。

我一直相信宝宝虽然小，但是对事物是有她自己的认识的。所以，我认为在三岁之前，就应该给小乖读书，为她唱歌，和她说悄悄话，越早越好。有节奏感，有象声词，提到生活中宝宝常会接触的事物的故事，会比较容易被宝宝接受。吃奶、睡觉的时候，为她读上一段简单的睡前故事，宝宝没回应，不等于她没听到。对宝宝的基础教育都应该是反复加强的。我知道自己当妈妈资历尚浅，权且当作我为小乖早教树立的一个标杆吧。

我无法在小乖幼时就断言，我日后必将是她心目中视为知己的妈妈。但这的确是我的一大梦想。我会尽自己最大的努力去了解她，不敢说是"良师益友"，能在她身边，有时提个小小建议，仅供参考，我就很满足了。

干一行，要爱一行。我的任务就是当好全职妈妈，谨以此书为证。

小乖妈碎碎念

全职主妇曾经在我的眼里完全不能算得上是工作。当我有了小乖，真正当上了妈妈以后，我才了解到这个貌似只是天天围着宝宝转的工作有着它不可取代的重要性。

作为一个曾经的职业妇女，小乖让我明白，人生的价值其实是有很多衡量公式的，没有一种选择会是只得不失的。

我爱小乖，那么选择当全职主妇就绝对不是什么自我牺牲，我最终收获的是小乖对我全心全意的爱。作为一个妈妈，还有什么不能放弃的呢？

第六章

家长是怎样炼成的

第一节
做个忘了别人家孩子的家长

做了父母之后，和朋友们最爱聊的就是各自家中的宝贝们。回想当年自己是孩子的时候，自己的父母说的那些话，会发现其实每个父母说的话都大同小异。如果可以编辑成册，不妨命名为——《父母常用语手册》。

比如，遇到别人责怪自己孩子的时候，护子心切的父母会反驳，"他还只是个孩子啊"；遇到熟人，父母要敦促孩子打招呼，"快叫阿姨好，"（或者爷爷奶奶，叔叔伯伯，诸如此类），孩子叫了，家长有时还要补一句，"叫大声点啊"。

而我和其他中国父母一样，最爱干的事莫过于拿自己的孩子和别人的孩子作比较，最爱说的莫过于"你看别人家的孩子……"。只要说到小乖的事，这句话几乎成了开头的默认模式。

不要做毫无意义的比较

小乖出生以后，第一个礼拜，我就拿着红色的小球在她眼前乱晃，想为什么她的眼珠不会随着球动？第二个礼拜，我开始担心她到底什么时候能翻身呢？第三个礼拜，看起来一切都很正常，可是……她会不会哪儿出了问题但是医生没检查出来？

"你看别人家的孩子……"我无助地抓着小乖爹，可怜巴巴地指望他能给我点安慰。"我看谁？"小乖爹总是无奈地看着我，"你说的那个宝宝都一岁了，你女儿才一个月啊。她又不是哪吒，生下来就能满地乱跑。"

然后，他会温柔地抱起小乖，从眼角向我瞟来一道鄙夷的目光："就算真的小乖某方面的表现比别的宝宝弱一点，你难道会不要她了吗？"

"怎么可能呢？ 她是我生的，她再不好我都不会不要她。"我想象此时的自己浑身上下绽放着母爱的光辉，一个多么伟大的形象啊……

小乖爹根本忽略我的幻想，"那就对了，她就是她，是我们的女儿。你爱她，是因为她是你女儿，而不是因为她什么都完美。你希望她好，因为你是她妈妈，而不是就为了有一天她一定能变得完美。"

"啥意思呢？"我小声问，让自己看起来不要那么没文化。

"简而言之就是，你老拿小乖和别人比，意义在哪儿呢？"

我扪心自问，把她和其他小朋友比来比去真的能让她从

每个健康的宝宝都有个爱胡思乱想的妈。

此以后变得更好？还是让她小小年纪就开始体会"亚历（压力）山大"的烦恼，并让这种情绪如影随形一辈子？

每个孩子都是唯一

我送小乖去幼儿园，去接她的时候，会和老师聊两句她的表现情况。一开始，说到她不足的地方，我还在试图想把"你看××家的孩子……"这句话用英语准确地表达出来。结果，不管我说得直接还是迂回表达，老师的反应都一样……表情总是很讶异，"嗯，可你要知道每个孩子都不同啊，"似乎我谈的不是小乖和她同龄的小朋友，而是两种不同的生物，完全不具可比性。

老师说的显然没错。比如有一天，小乖在幼儿园把饭都吃完了；另一个小朋友没吃完饭，但是他画了一幅非常漂亮的画。而作为家长，我应该问小乖为什么她的画没被老师表扬，还是告诉她"你真乖把饭都吃完了"呢？我真的有必要判断出他们谁更棒一些吗？

每个孩子身上都有自己的闪光点，只是表现在不同的方面。喜欢比较的父母在把孩子和他同龄的小朋友放在一起的时候，会往往先看到别的孩子身上的优点，放大自己孩子的缺点。当这些父母把孩子和那些在父母眼中已经有一定出息的孩子（往往都是年龄更大的孩子）放在一起的时候，看到的更是别的孩子"文武双全"，自己的孩子一无是处。最后得到的结论必然会既让自己失望，更让孩子难过。

爱你，因为你就是你

我小时候也未能幸免地被姥爷姥姥拿来比来比去。现在有了小乖，我跟姥姥说我不会拿小乖和别人的小孩比。在我心里，却也能真正体会到他们当年的心情。正是因为太爱自己的孩子，才总希望他们能出类拔萃。当事实离期望有距离的时候，父母求好心切的想法就转变为拿孩子做比较，心中的困惑就会是"你为什么就不能和别人家的孩子一样好呢？"

此情此景，孩子可能会想："别人家的孩子那么好，那你找她来当你们的女儿吧。"每个孩子都希望自己对父母来说是独一无二的。对孩子来说，这是他们感受到被父母疼爱的重要方式。父母通过"比孩子"来抒发自己望子成龙的心愿，却忽略掉了对孩子情感上的伤害。让孩子感觉从父母那里总得不到足够的肯定，做再多的努力也比不过父母眼中别人家的孩子。这种处境中的孩子往往会缺乏自信。

家长应该让孩子明白：不管别人是什么样的，你就是你；不管顺境逆境，都是你的人生；无论发生什么不幸的事情，爸爸妈妈都爱你。孩子最基本的自信才能由此慢慢建立起来。我们总认为外国孩子比中国孩子自信，这很难说不是原因之一。

这世界上从不存在两种一模一样的事物，所以应该相信，每个得到正确引导的孩子都会拥有各自精彩的人生。忘了别人家的孩子吧，用心去观察自己的孩子，体会他的心情，让他自信地成长。你会发现，他其实比你想象的更令你骄傲。

小乖妈碎碎念

任何一个孩子都不会是完美无缺的，但是他一定是独一无二的。

喜欢作比较的家长往往会忽略自己孩子的优点，却放大他的缺点。这么做，给家长带来的显然只会是些无谓的烦恼。而给那些在"比较"教育下长大的孩子，带来的不仅是被比较的苦恼，更糟糕的是他们的自尊心和自信心会受到打击，甚至对父母的爱产生怀疑。这些影响对孩子未来的人生将是非常不利的。

我们爱我们的孩子，爱的就是他的天下无双，他的无可取代。拿他们做比较绝对是件毫无意义且有害无益的事。

第二节
做个说话算数的家长

我们会给孩子立规矩，说通俗点，就是让他们知道我们的底线在哪里：孩子做的哪些事情，我们会鼓励他们继续；哪些事情，我们会警告他们不准再有下一次；还有哪些事，他们一旦做了，就必须接受惩罚。

立规矩本身并不是一件难事。我们说，孩子听，一开始都皆大欢喜。立完了以后，我们管，孩子做，结局却往往变成双方"讨价还价"。有的家长常会抱怨"这个孩子为什么这么调皮？和他说的话，他就没有听的时候"。

在我看来，这种情况的形成是因为问题最开始出现的时候，家长给孩子立的规矩没有得到很好的执行。

言必行，行必果

立规矩只是教育孩子最初的一个环节。最重要的那个环节是，如何把家长立的规矩"贯彻"下去。家长告诉孩子不能干这个，不准干那个。可对孩子来说，当然希望他们被容许做的事情越多越好。即使家长已经有了明确的态度，孩子还是会小心翼翼地试探有没有通融的余地。这是人的天性。

当孩子试着去做那些被禁止的事时，家长却并没有像之前说过的那样作出相应的惩罚，最多会用吓唬的口吻说："下次你要是再……我就……"这类的话听多了，孩子慢慢就发现那些家长明令禁止的事并不是铁板一块，家长立的规矩就逐渐成了一纸空文。这完全是家长自己说话不算数造成的，怎么能怪孩子呢？

小乖每天一定会干点什么我们不准她干的事来观察我们的反应。"严重"的，比如她天黑了还想待在后院玩，不回来吃晚饭；轻微的，比如规定看电视的时间快结束的时候，她想多看一段儿童节目。

我有时真的很同情小乖。听她央求我，"妈妈，再让我看一会儿嘛，就一会儿嘛"。我脑海里立即会浮现小时候的自己，也是这么可怜巴巴地希望姥姥让我再多看一会儿电视。我甚至有时候暗想，如果小乖再求我一次，我就再让她看一会儿。

令人庆幸的是，这种情况很少出现。每次当我一咬牙一狠心，说："不行，宝贝儿，你今天已经看得够多的了，明天咱们再看吧。"只要我的态度够坚决，让小乖感觉到这事是没有商量余地的，她也就不再和我纠缠。再加上我会赶紧"讨好"她，提议我们一起去搭积木或者看绘本之类她百干不厌

昨日重现

的事，这个问题也就顺利地解决掉了。

后来，我会在她看电视时间快到的时候，提前告诉她，"还可以再看五分钟哦"。对三岁的小乖来说，对五分钟到底有多长可能并没有什么明确的概念，但她能明白我这句话意味着看电视的时间快结束了。这就够了。当然，到最后关电视的时候，有时小乖也会闹一下，只要我坚持，她磨叽几声也就很快玩其他的东西去了。

小乖渐渐放弃了从我这里得到让步的试探，只有我们俩在家的时候，她基本上能遵守我们事先定好的规矩。

家长应该是统一战线

然而所谓"千里长堤，溃于蚁穴"，小乖爹就是那个可怕的"蚁穴"。

只要小乖爹在家，我说服小乖"按规矩办事"的工作都特别困难。小乖会转向她爸爸，提出各种先前已经被我明确拒绝的要求。小乖爹表面上装出和我是统一战线，可等我一转身，他就立即"俯首贴耳"向他女儿各种献媚，对小乖的要求照单全收。小乖当然马上就发现爸爸其实是"自己人"，只有妈妈才是那个"可恶的独裁者"。

我每次因此质问小乖爹，他就会说，"你看小乖多可怜啊，她都快哭了……"我知道这根本就是小乖的"苦肉计"。我很认真地跟小乖爹谈了一次，重点有三。

第一，小乖这样的孩子是很讲道理的，就是小乖爹这种说话不算数的家长把孩子都弄得不讲道理了。

第二，我已经说了不行，小乖爹却背地里答应小乖的要求，让她觉得以后妈妈说什么都无所谓，找爸爸就行。最后变成我和小乖爹都没有威信了，谁的话她以后都不会听了。

第三，小乖爹只会去做奖励小乖的事，而用来约束她行为的惩罚同样也应该兑现。"不听话，爸爸就不要你了""不吃饭，爸爸就再也不带你出去玩了"诸如此类，说了等于白说，都是不可能做到的事。说多了，小乖就知道这些都只是吓唬她的，听听就算了。奖惩分明也是立规矩的另一个重要环节。

小乖爹虽然总想着疼爱女儿，但也知道我说得有道理。看他一副为难的样子，我又免费给他支了三招。

第一，拒绝小乖的要求，小乖爹回应的时候语气可以加倍温柔，但是态度要十分坚决。

第二，如果小乖的要求已经被我否定了，小乖爹可以私下和我讨论是否有松动的余地，但不能不告知我，就直接按小乖希望的去做。

第三，如果小乖爹明知小乖是无理要求，却又确实不忍心拒绝，他可以向我求援，由我出面处理。但在小乖的情绪平复下来之后，小乖爹必须明确地向小乖表示他是赞同我的做法的，让她知道，在处理她的问题时，爸爸妈妈的态度是一致的。

其实小乖爹的想法我也能理解。他希望保全大原则（当然我是很质疑这个"大原则"的，在我看来就是没有原则）的前提下，尽量能满足宝贝女儿的要求。归根结底还是他太疼爱小乖，小乖做了错事，他总也舍不得真的罚她。真的决定罚她了，又怕会不会罚重了，小乖会因此而疏远他。

我始终认为，讲道理的孩子都是有原则的父母培养出来的。只要我们的惩罚是合理的，孩子是不会因此而疏远我们的。但如果不管是奖是罚，我们什么都只是嘴上说说算了，朝令夕改，孩子能感觉得到这次我们可以为了这件事做变动，那么下次我们当然也能为其他的事做修改。弄来弄去，变成家长教育孩子只是一时兴起，孩子认为家长没有底线。

另外，为了更好地"说到做到"，家长切不可信口开河，许下些无法兑现的口头承诺。一旦做不到，家长的信用度会受损，家长说的其他话自然也会在孩子心中打折扣。

如果说教育孩子是有一个全局规划的话，那么立规矩就是画一个草图。大概的条条框框都有了之后，再随着孩子的成长，这规划会继续丰富完善起来。

而作为家长，我们对孩子的明天都充满了憧憬。那么，今天就先和孩子一起先画好这美好未来的草图吧。

小乖妈碎碎念

　　说话算数是家长给孩子立规矩时最简单有效的办法。不管是奖励还是惩罚，家长能说到做到，让孩子明白规矩定好了是不可能有例外的，自然就解决了孩子和家长讨价还价的问题。而讲道理则成为孩子和家长之间的良性沟通。

　　能做到说话算数并不是件容易的事。首先家长要统一意见，不要被孩子钻空子。其次家长提出的奖惩措施应该是合理而切实可行的，切忌信口开河，光说不练。

　　这种"有据可依"的教育是件两全其美的好事，能让孩子变得懂道理，让家长的管理更加轻松。而那些无法做到说话算数的家长，则有可能失去在孩子心中的威信。

第三节
做个不会反应过度的家长

知己知彼，百战不殆

孩子一般在两岁左右就有自我意识了，老外称之为"恐怖的两岁"。他们开始试着违抗家长的指令，享受挑战权威带来的快乐。这种行为将一直延续，在青春期达到顶峰，被称之为"叛逆期"。

每个家长也都经历过叛逆期。遥想当年，我们自己的家长对我们的种种挑衅行为反应越大，越着急上火、大发雷霆，急于纠正甚至制止，我们越是非做不可。如今角色转变，面对孩子的种种"劣迹"，仔细探究他们的想法，其实你懂的。

既然"知己知彼"，就不要重蹈覆辙。着急上火、吹胡子瞪眼并不是和孩子沟通的好方法。不如做个不会反应过度的家长，有时候问题并没有我们想得那么严重。

每当面对小乖的"过分"行为时，小乖爹的反应基本就是没反应。不管是通过我"告状"间接得知还是亲眼目睹小

这样育儿更智慧——新手妈妈加拿大育儿手记

乖的所作所为，小乖爹永远是一副"完全可以理解"的淡定模样。

这种"没反应"当然不意味着真的放任自流、不闻不问。而是用这种态度，在小乖根本没意识到她的行为有多么不可接受的情况下，于无声无息间解决大麻烦。尽管我对小乖爹平日里近乎溺爱的教育方式颇有微词，但小乖爹在这点上的做法我是很赞同的。

有一天，我们带小乖去公园玩。回来的路上，小乖忽然说了一句很糟糕的脏话，居然还是英文的。可能是她听到其他的大人对话中的只言片语，发音或者语气让她觉得很有趣，也不知道是什么意思，就学来说着好玩。

我吓了一跳，马上扭头对后座上的小乖说："不准说这句话，这是很不好的话。再不准说了。"小乖停了一下，显然对我的态度有点莫名其妙。然后，她竟然"咯咯咯"地笑起来，更大声地朝着我说起这句脏话来。

我瞪着小乖，一时语塞。"你看你女儿啊，"我回头小声和小乖爹抱怨。谁知，小乖爹只是淡淡地说："你不要理她嘛，她呆会儿就不说了。"

我当时只觉得这又是小乖爹给他女儿找的托辞，气愤地一个人陷入了一堆烦恼中：如果她在别人面前说这句脏话，怎么办？如果她觉得其他脏话也很有趣，开始学着说，怎么办？

此后的两天里，只要我一和小乖说起好孩子不应该说脏话，小乖反而更大声地冲我嚷嚷脏话，一边说还一边朝我做鬼脸。后来，她居然还把这句脏话编到儿歌里唱出来。我真是又好气又好笑。

"你管她，就是提醒她，只能让她对这句话加深印象，"小乖爹看我管小乖管得辛苦，终于忍不住支招儿了："她其实并不知道这句话是什么意思，你越不让她说，她就越觉得好玩，就越想说。你就让她说，但不要理她。她觉得没意思了，就不说了。"

于是，接下来的两天里，无论小乖在我面前如何变着法说这句脏话，我横竖都是没反应，就像没听到一样。小乖应该是感觉到说这句脏话不再能引起我的关注，果然渐渐不再说了。一个礼拜之后，这句脏话从她小小的字典里默默地消失了。

其实，孩子越小，最开始的叛逆行为越可能是无意识的。就像小乖说那句脏话一样，她并不知道这句话是什么意思。但是一旦她发现家长对此的反应很大，她也就找到了继续做这件事的乐趣，因为她享受到了挑战带来的快乐。反之，如果家长在表面上能做到若无其事，孩子也就慢慢失去了反复做这件事的兴趣。

当然，也不要指望孩子能就此消停。他会继续干出其他的事来找我们的"麻烦"。于是，"猫捉老鼠"的游戏天天都会上演。痛并快乐着的家长们不妨自我催眠地想想，这应该也算得上是某种生活乐趣吧。

淡定，一定要淡定

小孩子打架，对家长来说，是非常常见而头痛的事情。每次看到孩子们在相互抓头发、抠眼睛，家长们就会惊慌失措，赶紧上去把孩子们分开。被攻击的那个孩子得到的往往是安抚，主动进攻的孩子则只会被狠狠地责备甚至惩罚。

实际上，孩子攻击他人是因为他们希望得到关注，却不知道如何找到正确途径的表现。从大约四个月开始，孩子在吃母乳的时候有时会咬妈妈，随着慢慢长大，抱他的大人会渐渐变成他首先攻击的对象，包括揪大人的头发之类。一岁半左右至两岁期间，孩子开始会将这种行为转移到其他小朋友身上。

在老外看来，攻击他人的孩子其实更应该得到家长的关注。孩子最初的目的只不过是想和其他孩子做朋友，他会对自己攻击造成的后果感到害怕。老外的家长不太会因此担心孩子会变得好斗。当然，在安抚孩子的同时，他们也会教育他攻击别人的这种相处方式是不对的。

虽然孩子们都还年幼，但是家长应该相信他们有自己的交流方式。这也是为什么我们常常会觉得老外的孩子没中国孩子那么娇气的原因。老外家长很少像我们这样过于关注孩子；很少像我们这样，不能容忍自己的孩子受半点委屈，迫切希望帮孩子把他们之间的问题立即通通解决掉。

孩子之间有冲突的时候，老外主张家长不必每次都忙着介入。如果确实到了需要干涉的地步，家长的主要任务是各自领开自己的孩子。此时家长的反应轻松，孩子就会知道这只是生活中常常会发生的简单问题；如果家长的反应过于紧张，孩子就会把沟通问题想得非常可怕而困难。下次遇到同样的情况，孩子只会哭闹，等着心疼的家长来救火。

而对于行为有些粗鲁的孩子，老外认为家长不需要过于恼火，轻易裁判他是个令人头痛的孩子。多让他和同样情况的孩子呆在一起，让他们从对方的行为中认识到自己的错误，这比家长说教，给孩子讲不应该打人的道理，或者单纯责备、惩罚他效果要好得多。

时时刻刻保护好孩子，不希望他受到任何伤害，是每个家长的愿望。不过，这并不意味着我们要在任何时候都严严实实地把他们遮蔽在我们的羽翼之下。我们更应该做的是放手。相信孩子们会在和其他人的冲突中学会沟通，在成长中学会保护自己。

小乖妈碎碎念

当孩子们喜欢做一些让我们生气上火、明令禁止的事时，我们应该明白，有时他们行为的动机并不一定是这件事本身，而可能是这么做能挑战权威。如果我们能做到表面上并没有什么反应，孩子们就失去了他们需要的乐趣，自然而然地就会停止他们的行为。

而对于孩子们有时会产生的相互攻击行为，家长不应该过多介入。我们应该有正确的认识：大部分情况下，这是孩子们之间的正常沟通。家长不要忙着下结论——谁好谁坏，谁对谁错。尽量帮助孩子们学会自己解决，才是相对正确的引导方法。

第四节
做个"忘了自己是家长"的家长

我一直标榜要成为一个能与小乖平等交流的妈妈：要站在她的角度上去理解她的世界，不能动不动就生气上火，斥责她种种没有达到我预期目标的行为。但我不得不承认在以往的三年里，融入小乖这看起来何其简单幼稚的世界真的很难。我遇到了许多曾经想当然的棘手问题。

孩子真的什么都不想吗

小乖还没满三岁的时候，我一直认为用八个字形容她那种生活状态最恰当不过：饱食终日，无所用心。每天就知道玩，什么都不想，什么都不知道。

所以我和小乖爹讨论小乖的问题也没想过特意避讳她。比如我告诉小乖爹，小乖中午在幼儿园没睡午觉，被小乖听见了，她就会跑过来认真地跟我们说："我睡午觉了。"我们只觉得她好笑。想想小乖的这种反应也正常。毕竟，不管大人小孩听到别人说自己不好，总归是不高兴的。也许她确实还太小，也还谈不上什么"自尊心"这么严肃的问题。

直到有天晚上，一个朋友来家里借书。我们坐在沙发上聊天，小乖竟然开始撕朋友要借的那本书。我情急之下第一个反应是大喝了一声："小乖，你干什么？"朋友也赶紧想把书拿过来，接了一句："不可以撕书哦，这样不是好孩子。"

小乖被吓了一跳，抬头看着我们，呆住了。就在朋友把书拿过来的时候，小乖猛地扑上去，把她撕了一半的那页书狠狠地扯了下来。这次轮到我们两个大人看着她有点发愣了。接着她又干了一件让我十二万分惊讶，而且终身难忘的事情。

小乖一边哭喊着"妈妈"，一边向我爬过来。我赶紧伸手把她抱起来。小乖趴在我肩上开始放声大哭。我正在想如何安抚并教育她，忽然觉得肩上一阵剧痛——小乖在我肩上咬穿了一个很小很深的伤口。

我从没想过一直温顺腼腆的小乖会有这么激烈的反应，这才真正意识到，就算小乖只有三岁，我们也不能忽视她的情感需求。她小小的自尊心也和大人一样，不希望面对被我当着别人的面大声呵斥的境况。

朋友告辞后，我黯然地对小乖爹说："我们以后绝不能当着别人的面呵斥小乖，她也会难堪，也会没面子，也会被伤到自尊。"小乖爹抱着在他肩上已经安然睡去的小乖，轻声说："这可不容易。"

尊重孩子就是尊重自己。

"那我也要努力。"我想小乖已经给了我最严厉的"警告"——就在我的肩上，时刻提醒我，要做一个和孩子平等的家长，平等的态度是第一步。

孩子真的都是"说了也不听"吗

跟小孩子讲道理是一件非常令家长头痛的事，特别在他们提出的要求不能很好地得到满足的时候，试图说服他们的可能性就更小了。他们会发脾气，和家长闹别扭。似乎和他们说什么都是白搭，就是"说了也不听"，誓与家长作对到底的态度。

这时，脾气好的家长，比如小乖爹，要么一筹莫展，要么"卑躬屈膝"（这个词非常好地形容了小乖爹当时的态度）。脾气不太好的家长，轻则怒目而视、大呼小叫，重则……

表面上，两种方式都算能暂时解决问题，但也都后患无穷。相信有过相同经历的家长们自然心中有数。

我家小乖的脾气随她爸爸，大部分时候都很温和。但是每次犯起犟来，也是让我恼火得要命。每当她在公共场合开始尖叫以示不满，我真想掉头就走，装作一切和我没关系。当然这是不可能的。我必须尽快想出办法，让小乖快速安静下来。

这种场景最常见的情况之一：小乖想要买玩具，不给她

买她就不想离开。

一开始遇到这种情况，我只会不停地提醒她家里有好多个类似的玩具，所以我不能再给她买这个玩具了。可她完全听不进去，一心一意沉浸在她想要玩具的心情里大哭。后来，我意识到在她情绪这么低落的时候，让她一下子明白什么是"类似的玩具"是根本不可能的。她现在想要的就是眼前的这个玩具。

为什么我不能换个角度想想呢？不去想我是小乖的妈妈。想想当我自己看到一个喜欢的东西，小乖爹却不同意我掏钱，后果会是什么？我会采取的行动绝不仅仅像小乖这样，只是赖在玩具区不想离开了。那么，小乖的气愤就是完全可以理解的。

事实却是我不能因为小乖哭闹就给她买玩具。首先我要确定我自己的情绪是稳定的，先深呼吸，然后开口和小乖说话。我会试着转移她的注意力，我不会告诉小乖我不能给她什么，而是告诉她我能给买她什么。比如给她买她最爱的娃娃贴纸——老师天天在幼儿园当奖励发，她当成宝，贴到家里每个角落里。再或者告诉她，在这里哭闹得太久，只会缩短她做其他她喜欢做的事的时间。

在小乖慢慢开始让步，但是还有些失望的时候，让她知道我能体会今天她无法得到那个玩具的沮丧。不过，我可以陪她一起做更有意思的事情。

道理当然不是一天就能讲通的，不过，一味地满足或者拒绝孩子的要求，他们只会变得越来越不讲道理。其实孩子的思想是很简单的。和他们讲道理也并没有我们想得那么难。家长若能先做到理解孩子的心情，说服他们的方法自然也就有了。

孩子真的"只是孩子"吗

听起来这句话似乎是矛盾的。孩子当然就是孩子，孩子犯错总是可以被原谅的，因为"他只是个孩子啊"。

国内的公共场所经常会有孩子持续地尖叫，大多数时候，人们都选择充耳不闻。偶尔有人稍微提醒家长是不是能约束一下自己的孩子，基本上会得到一个标准答案——"他只是一个孩子啊"，外加家长的大白眼。

近些年来，情况发生了一些改变。新闻里，每每遇到孩子在公共场合影响他人的事件被报道，"他只是个孩子啊"这个说法开始会被拿出来讨论。在一部分成年人看来，这就是块"免死金牌"，责备没遵守公共规则的孩子是过于苛刻的表现，"不够善良"。

而在加拿大，如果家长没能及时阻止孩子尖叫，几乎所有的人都会向他们投去质疑的目光。如果无法让孩子尽快安静下来，家长就应该将他们带离现场进行安抚教育。这种做法既能较快地解决问题，也符合老外教育孩子的理念：不应该在陌生人面前呵斥孩子。

一次，我带小乖去图书馆，那天她穿了一双"一走路就会闪闪亮的鞋子"（小乖的原话）。小乖在安静的房间里一边踏着很响的步子走来走去，一边扭头看脚上一闪一闪的鞋子，非常兴奋。一开始，有几个人往这边看了看，我的脑子里也出现了那句经典名句——"她只是个孩子啊"。虽然提醒了小乖两句，但是看她那么开心，也就没想管太多。

　　过了一会儿，管理员走了过来，微笑着对我们说："哇，新鞋子哦，一定要这么响地走路才能让别人知道，对吗？"我有点坐不住了，内心很纠结。我有两条路，要么可以装没听懂管理员的弦外之音，继续看我手里的杂志；要么制止小乖的行为，并告诉她现在她做的事影响到别人了。

　　对一个家长来说，打断孩子的好兴致，确实是一件不容易的事。然而，家长更应该考虑的是，孩子的是非观念就是接受正确引导才能培养起来的。不管这约束来自于家长还是周围的陌生人，最终的目的是让孩子明白做影响别人的事是不对的。家长不能抱着无所谓的态度，只是因为"他还只是个孩子"。

　　对我自己而言，管理员当众提醒说小乖影响到别人了，这件事让我颇有点难堪。但如果只是为了爱面子，却不去阻止小乖，这就是我的失职。面对别人正确的意见，以孩子还小为借口，这就是推卸责任，更不可取。

　　我举这个例子，并不是想说明自己是个多明事理的妈妈。我很清楚我内心就是千千万万个想尽一切办法要把女儿奉为掌上明珠的妈妈中的一个。我只是努力让自己在某些时候忘掉我是小乖的妈妈，让自己更客观地去对待她的行为可能带来的后果。

我起身去找了本儿童画册，把小乖叫过来，小声说："我们看图画书好不好？"

"不要，回家再看，现在我要玩闪闪亮的鞋子。"我早料到她会这么说。

伸手抱住小乖，我继续说："宝贝儿，图书馆是看书的地方，你看大家都不说话，多安静啊。"小乖抬头到处看了看，这次她没说话。"所以我们也不要说话。妈妈和你一起看图画书，待会儿回家的路上，我们再玩闪闪亮的鞋子。大家一看，别人的鞋子走路都不亮，就只有小乖的鞋子亮，小乖的鞋子最漂亮，那多棒啊！"

小乖想了想，点点头表示同意我的建议，坐到我身边的位置上翻开了画册。

回家的路上，小乖又蹦又跳，脚上的鞋闪了一路。还真的碰到一个老太太笑眯眯地跟她说"好漂亮的鞋子哦"。小乖害羞地低着头，开心地跑开了。

我看着阳光下小乖兴奋的笑脸，她的世界是这么简单而纯粹，充满了快乐和幸福。我多希望自己就这么融入她的世界，忘了我自己。

可惜我不能。我常想如果我真的能在某些时刻忘了我是她的妈妈，她的幸福指数会不会更高？我会不会因此而更快乐？我们是不是能更好地享受彼此给予对方的爱？

我知道自己还在路上，在通往小乖快乐世界的路上。也许有一天她的世界会变得不再简单，会变得不再只充满快乐。我希望那时我还能理解她、帮助她，作为她最爱的朋友，而不只是生她养她的妈妈。

小乖妈碎碎念

孩子并不像我们想得那么头脑简单。他们有着和我们大人一样的情感需求。作为家长，我们不应该轻视孩子们心里小小的内心活动。

孩子们也并不像我们想的那样，注定要把大人的话都当成耳边风。没有不讲道理的孩子，只有不会教导他们讲道理的家长。理解孩子的想法，是和他们讲道理的第一步。

对孩子的要求在某些情况下和我们大人应该是平等的。作为家长，我们应该让孩子从小就培养公德心和很多好习惯。这不仅对孩子来说，是正确的教育。对家长来说，也是自身素质的体现。

后记
postscript

今年是我和小乖爹旅加的整整第十个年头。这十年里，我们学着融入加拿大的风土人情，理解这里的本土文化，努力地和加拿大这片原本陌生的土地在点滴间接上地气。而当两个宝贝先后出生之后，我们的努力中又多了一项任务：让孩子们将来也能顺利地接上地气。

如今，时光飞逝，我的小乖已经三岁多了，连小儿子也有一岁半了。而我的角色，拜他们所赐，也晋升为"儿女双全，相夫教子，知足常乐的贤妻良母"一枚。本着"在其位，谋其政"的原则，我开始留心老外的教育方式，才发现一切顺其自然、崇尚自由的老外，有些好的生活和教育习惯是值得我们借鉴的。

老外习惯于晚上临睡时，爸爸妈妈给孩子们读睡前故事，然后互道晚安。这段温馨时光对孩子们和他们的父母来说，是一天中很重要的时间。爸爸妈妈们轻声地读着孩子们爱听的故事，看着他们渐渐坠入甜蜜的梦乡。相信这都是任何一个家长所梦寐以求的。

于是，讲故事，哄两个孩子睡觉取代了我和小乖爹看电视的时间，给他们讲故事成了我们每晚的必修课。我和小乖爹各司其职——他陪小乖，而我则陪着小儿子。每天选三个小故事：一个是孩子熟悉的，一个是他喜欢的，还有一个是新故事。

这正是这里的老外们的教育中所倡导，而我的教育方式里原本缺失的好习惯。

诚然，我们也曾怀疑过年幼的孩子们是否真的能听懂，但是看着小乖安然入睡的样子，连抱着奶瓶喝奶，懵懵懂懂的儿子也仿佛被书中故事里的精灵们施了魔法一般，忘记了哭闹，我们有什么理由不去享受这甜蜜而美好的宁静和它所带来的幸福感呢？

另一方面，我时常提醒自己，尽管孩子们生活在加拿大，督促他们继承中华文化中的美德和中国人固有的好习惯，更是理所当然、责无旁贷的事。

不管是中国的，还是加拿大的，这些好习惯是无国界的，都会让我的孩子们受益终生。作为两个孩子的母亲，我总相信，在他们融入加拿大之前和之后的未来日子里，也将是他们细细体会这个国家的漫长岁月。我也许不能让他们永远只看到这个国家最美好的一面，但我希望他们能成为这最美好一面的一部分。

只是我不得不承认，每每夜深人静，午夜梦回，我也会忍不住愤愤地想，有了孩子之后，为什么我总有一种"一夜之间回到了解放前"的感觉呢？

有了小乖之后，我再也没有一个人逛过商场。无数次，刚刚拿起喜欢的衣服想照照镜子，看是不是合身，却常常是从镜子里惊悚地发现身后的小乖不见了。我唯一能做的就是果断扔下衣服，奔出商店，在小乖从我眼前消失之前找到她。

衣服可以暂时不买，但是买日用品是必须的。只是进到超市里，我绝不再幻想能随心所欲地挑选自己喜欢吃的零食，因为一定有个小小的声音会顽固地在耳边提醒我，"妈妈，我想去看玩具。""妈妈，带我去看玩具嘛。"

等我终于抱着我的零食和各种小乖的"必需品"（包括小乖必须吃的奶酪，小乖必须用的彩色颜料，小乖必须玩的洋娃娃等等），回到家，从进门的第一刻起就要提醒自己，一定要当心，切不可踩到被儿子扔到地毯上的"地雷"——脚心被这些积木块和玩具零部件狠狠硌到的感觉每次都让我刻骨铭心。

即便是他们看起来已经睡着了，也绝不可掉以轻心，被假象所迷惑。他们还有随时醒来的可能性，轻而易举地让我和小乖爹的任何晚间计划泡汤。

日复一日，夜复一夜，周而复始，循环不止。

说来也怪，我，当然还有小乖爹居然不仅习惯了这样的生活，还慢慢开始享受这样的生活——这样杂乱无章、慵懒平淡的生活。

只是在某个阳光灿烂的午后，我忽然想到一个很深奥的问题：就这样，作为一个全职妈妈，我的人生算不算成功？我想了很久，不得其解。小乖爹下班回到家，我装作不经意地问："你觉得什么样的人算成功呢？""那得看你觉得成功应该怎么定义呗。"此人不仅喜欢把简单的问题弄复杂，更喜欢把复杂的问题弄得更复杂。

我想了想，说："我觉得成功就是做到自己想做的，开开心心、快快乐乐地活着。""那你现在做的是你想做的事吗？你开心吗？"小乖爹研究性地看看我。"嗯，算是吧，"楼下的客厅里两个宝贝正尖叫着疯作一团，"嗯，我大部分时间都觉得自己还挺幸福的。"

"那你就算成功了呗，"小乖爹很肯定地说，"你没听人家说，幸福的人生就是成功的。"

我没有再追问他。第一，我当然希望他说的是真的。第二，就算他说的不是真的，我也还是要开开心心地做一个全职妈妈，快快乐乐地陪我的宝贝们玩游戏，给他们做好吃的，带他们去郊外玩。第三，成功和幸福只能选一样的话，我选择幸福。